GomE's Easy-Sewing

바느질의 여왕 세 번째 이야기

가방을
만드는 시간

[소소한 행복을 담은 가방 만들기]

GomE's Easy-Sewing

바느질의 여왕 세 번째 이야기

가방을 만드는 시간

[소소한 행복을 담은 가방 만들기]

이인숙 지음

신일

바느질은 참 매력 있는 작업입니다.

손으로 만드는 것은 무엇이 되었든 모두 의미 있고 아름다운 일이겠지만,

약간의 변화만으로도 수만 가지 표정을 만들어 내는 바느질이야말로 최고가 아닐까 싶어요.

우리의 처음 바느질은 초등학교 시절 실과시간이었을 거예요.

홈질과 박음질, 반박음질을 배우며 고사리손으로 한 땀 한 땀에 정성을 다했던 기억이 납니다.

바느질은 그런 거예요.

아주 어린 아이도 약간의 수고로움과 정성을 들여 뿌듯한 무언가를 만들어 낼 수 있지요.

두려워하지 않았으면 좋겠다는 이야기를 하고 싶었어요.

아이들도 할 수 있을 만큼 쉬운 일이니까요.

용기를 내어 시작했다면 분명 행복하고 즐거운 시간을 보낼 수 있을 거예요.

그리고 전에는 느끼지 못했던 가슴, 따뜻한 감성을 경험하게 될 거라고 확신합니다.

이번 책에서는 다양한 방법을 이용한 가방 만들기를 소개했어요.

하나씩 따라서 만들다 보면 가방 만들기의 원리를 이해하고 다양한 방법을 습득하여 나만의 가방을 만드는 데 도움이 될 거예요.

가방 만들기는 생각보다 어렵지 않아요. 천을 네모로 자르고 직선 박음질만으로도 충분히 예쁜 모양을 만들 수 있거든요.

네모난 가방이 익숙해지면 동그란 가방을 만드는 것도 쉬운 일이 되고, 그보다 복잡한 모양도 금새 만들 수 있을 거예요.

같은 디자인도 소재를 바꾸어 만들면 전혀 다른 느낌의 가방이 완성되지요.

무언가를 만들고 새로운 방법을 생각하며 적절한 소재를 찾아내는 과정을 거치면서

어느 순간 내 실력이 놀랄 만큼 향상되어 있는 것을 느낄 수 있을 거예요.

의미 없이 흘러 보낸 시간을 성취감과 행복감으로 채우게 되고 그 시간들이 모여 나의 미래를 바꾸는 꿈을 꾸어 보세요.

마음의 준비가 되었다면 바늘과 실, 그리고 버리려던 옷을 잘라 지금 당장 시작하면 됩니다.

우리가 느끼지 못하는 사이에도 너무 많이 생겨나고 또 너무 많이 버려지는 세상이에요.

모두가 똑같은 유행을 따라가며 획일화된 모습으로 살아가지만 우리는 그러지 말았으면 해요.

나만의 디자인을 생각하고 정성스럽게 만들어 시간 속에 낡아가는 모습조차 아름다운 눈으로 바라볼 수 있으면 좋겠어요.

우린 핸드메이더니까요!

★ 이 책에서는 패턴 구분을 다음 세 가지 기준으로 나누었습니다.

· A패턴 조금 더 정성 들여 만드는 가방
· B패턴 가볍게 만들어 더 편한 가방
· C패턴 변형하기 좋은 가방

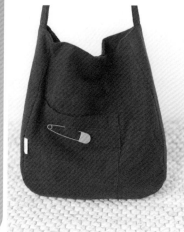

CONTENTS

Sewing Tips

A

조금 더 정성 들여 만드는 가방
pattern

B

가볍게 만들어 더 편한 가방
pattern

C

변형하기 좋은 가방
pattern

도구와 부재료 소개

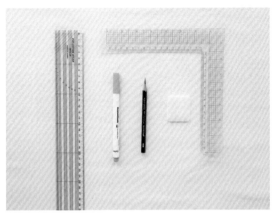

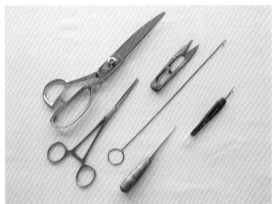

● **시접자** 시접을 표시할 때 사용해요. 시접양이 표시되어 있어 재단할 때 편리하게 사용할 수 있어요.

● **직각자** 직각으로 구부러져 있어 수평, 수직선을 그릴 때 유용해요.

● **수성펜** 원단에 도안을 대고 그릴 때 사용해요. 물을 뿌리면 선이 사라져서 깔끔하게 작업할 수 있어요.

● **4B연필** 두꺼운 원단의 안쪽에 선을 그려 재단할 때 사용하면 섬세하게 그려져 정확한 재단을 할 수 있어요. 세탁을 하면 지워지지만 겉면에는 사용하지 않는 것이 좋아요.

● **초자고** 파라핀 성분으로 만든 초자고는 양초의 느낌과 비슷해요. 질감이 부드러워 잘 그려지고 다리미로 다리면 쉽게 사라지기 때문에 조심해서 사용해야 돼요.

● **가위** 가위는 원단용과 종이용을 따로 구분해서 사용해야 해요. 함께 사용하면 날이 무뎌져 재단이 어려워요.

● **겸자** 원단을 뒤집을 때 사용하는 도구로 손잡이 부분에 고정용 톱니가 있어 한번 집으면 잘 빠지지 않아 편리해요. 인형의 몸통에 솜을 채울 때에도 편리하게 사용할 수 있어요.

● **루프** 얇은 끈을 뒤집을 때 사용하는 도구예요. 끝에 달린 고리를 원단에 걸어 잡아당기면 쉽게 뒤집을 수 있어요.

● **쪽가위** 실을 자르거나 간단한 가위밥을 넣을 때 사용하는 작은 가위예요.

● **송곳** 주머니나 단추의 위치 등을 표시하거나 재봉틀에 원단을 밀어넣을 때, 좁은 곳의 원단을 빼낼 때 등 다양하게 사용됩니다.

● **실뜯개** 잘못된 봉재선을 뜯을 때, 단춧구멍을 낼 때 사용해요.

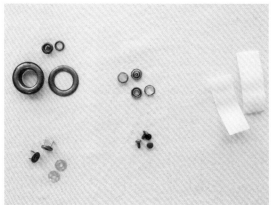

- **40수 2합사** 우리가 보통 사용하는 재봉사는 40수 2합사예요. 40수는 두께를 나타내며 숫자가 커질수록 얇은 실을 의미해요. 2합은 2가닥의 실을 꼬아 만들었다는 표시지요.

- **코아사** 코아사는 실의 중심 부분에 나일론사가 들어 있어 얇으면서 광택이 있고 내구성이 좋으며 마찰에 강해 바늘땀이 예쁘게 나와 가장 많이 사용되는 실이에요.

- **퀼팅실** 손바느질을 할 때 주로 사용하는 실로 꼬임과 끊어짐이 덜하고 바늘땀이 예쁘게 나와요.

- **아일렛** 원단에 구멍을 내서 끈을 끼울 때, 구멍의 내구성을 위해 끼워 넣는 도넛 모양의 암수로 이루어진 금속부재료예요.

- **가시도트** 암수의 뾰족한 가시를 맞물려 사용하는 도트단추입니다. 사이즈와 색상이 다양해서 알맞는 전용기구를 사용해야 해요.

- **리벳** 가방, 파우치 등을 만들어 손잡이를 연결할 때 바느질 대신 연결고리로 사용하는 금속단추입니다.

- **자석단추** 자석으로 만들어진 여밈단추예요. 실로 고정해서 사용하는 타입과 단추 뒷면에 달린 철심에 고정판을 끼워 양옆으로 벌려 고정하는 타입이 있어요.

- **벨크로** 찍찍이라고 불리는 벨크로는 갈고리와 걸림고리가 쌍을 이뤄 붙였다 떼었다 하는 부자재예요.

도구와 부재료 소개

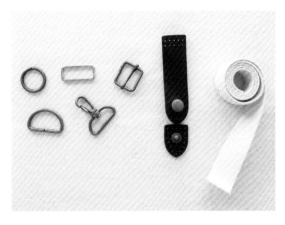

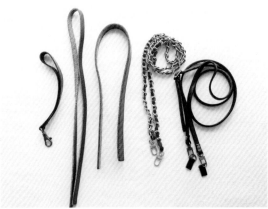

● **가방고리 부재료** 가방의 길이를 조절하거나 웨이빙을 고정하는 용도, 끈을 가방에 걸어주는 용도 등으로 사용해요. 웨이빙의 넓이에 맞게 선택해서 사용합니다.

● **사시꼬미** 가방의 여밈 용도로 사용되는 고리장식이에요.

● **웨이빙** 가방의 끈으로 사용되며 색상이나 넓이, 두께 등이 다양해서 알맞은 용도로 선택해서 사용합니다.

● **여러 가지 핸들** 가죽, 웨이빙, 체인 등으로 만들어진 완제품 핸들은 가방에 달아주기만 하면 멋스럽고 편리하게 사용할 수 있습니다.

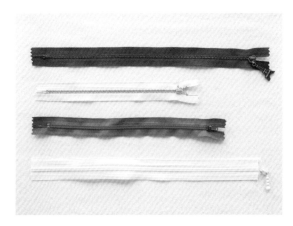

● **지퍼** 금속, 플라스틱 등으로 만들어진 지퍼는 원하는 용도에 맞게 골라 사용합니다.

접착심지

원단의 한쪽에 접착액을 도포한 것으로 다리미로 다려 붙여줍니다.
부드럽고 얇은 아사 접착심지와 두껍고 뻣뻣한 하드 접착심지, 부직포 재질로 만들어진 부직포 접착심지 등이 있어요.

● 아사 접착심지

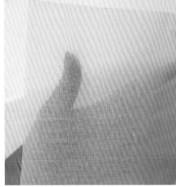

● 하드 접착심지

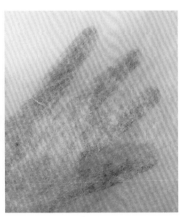

● 부직포 접착심지

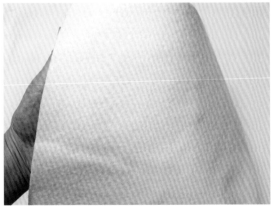

● 4온스 접착솜

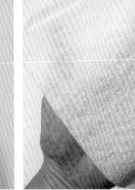

● 2온스 접착솜

원단 소개

● **퓨어린넨** 순수한 린넨으로만 만들어진 원단이에요. 주름이 많이 가는 소재로 형태를 유지하지 않고 내추럴하게 흘러내리는 느낌의 가방에 적합합니다.

● **면** 주로 파우치나 안감으로 사용하기에 적당해요. 원단 자체에 힘이 없어 접착솜과 함께 사용하면 좋아요.

● **캔버스** 평직으로 짜여진 면 원단으로 두껍고 튼튼해서 처짐이 없어요. 내구성이 좋아 가방이나 운동화의 소재로 많이 사용합니다.

● **하프린넨** 면과 린넨이 섞인 원단으로 퓨어린넨보다 부드럽고 사용이 용이합니다. 다양한 용도의 천가방을 만드는 데 적합해요.

● **모직** 양모 섬유사로 제직된 직물로 보온성이 뛰어납니다. 가방으로 만들 경우 따뜻하고 고급스러운 느낌으로 사용할 수 있어요.

● **퍼** 표면에 털이 있어 방한용으로 사용됩니다. 가방을 만들면 귀엽고 발랄한 느낌을 주지요. 털의 방향을 고려하여 재단하며 봉재시 털 때문에 밀림이 있을 수 있으니 주의해야 됩니다.

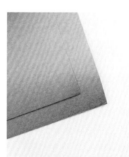

● **종이원단** 특수한 종이 재질로 만들어진 원단으로 세탁이 가능하고 찢어지지 않는 것이 특징이에요. 올풀림 걱정이 없어 작업이 자유롭습니다.

● **라미네이트** 원단의 겉면에 코팅처리가 되어 있어 생활방수가 가능하며 가방, 테이블보, 앞치마, 우의 등을 만들면 좋아요.

자석단추 달기

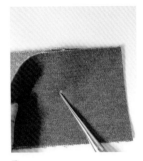

1 원단 두 장을 겹쳐 자석단추를
달 위치에 송곳으로 표시한다.

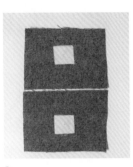

2 표시된 위치 안쪽에 접착심
지를 두 장 겹쳐 붙인다.

3 겉면에 자석단추의 철심 위
치를 표시하고 송곳이나 쪽가위
로 구멍을 뚫어 암자석단추를
꽂아준다.

4 안쪽에서의 모습.

5 고정판을 꽂아 철심을 양쪽
으로 벌려 고정한다.

6 나머니 한 장의 원단에도 수자석단추를 달아준다.

접착심지 붙이기

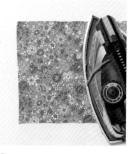

1 원단의 안쪽과 접착심지의 까슬거리는 면을 서로 바라보도록 올려놓는다.

2 종이호일이나 얇은 원단으로 덮어 다리미로 꾹꾹 눌러주며 열을 준다. 절대로 밀지 말고 5초 정도 눌러주고 옆으로 이동해서 또 눌러주는 형식으로 붙인다.

3 뒤집어서 다시 한 번 다려주고 열이 식을 때까지 기다린다.

직각 바닥 코너 봉재하기
(직각과 직선의 합봉)

곡선 바닥 봉재하기
(곡선과 직선의 합봉)

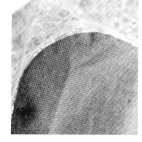

1 직선의 옆면과 직각의 바닥이 합봉되는 부분엔 직선의 옆면에 가위밥을 넣어주고 직각으로 봉재하면 깔끔하다.

2 뒤집었을 때 모습.

1 직선의 옆면이 곡선의 바닥과 합봉될 때에는 직선의 옆면에 가위밥을 넣어주면 깔끔한 봉재를 할 수 있다.

2 뒤집기 전 가위밥을 준 시접을 바닥과 함께 V모양으로 파준다.

3 시접이 겹쳐지지 않아 깔끔하다.

접착솜 붙이기

1 접착솜의 까슬거리는 알갱이가 있는 면에 분무기로 물을 뿌려준다.

2 원단의 안쪽과 접착솜의 까슬거리는 면을 서로 마주보게 올리고 시침핀으로 모서리를 고정한다.

3 원단의 겉면이 보이도록 조심스럽게 뒤집는다.

4 다리미로 시침핀을 피해 꾹꾹 눌러가며 다려준다. 접착솜이 원단에 어느 정도 고정되면,

5 시침핀을 제거하고 5초 정도 눌러준 후 옆으로 이동해서 또 눌러주는 형식으로 꼼꼼하게 붙여준다.

원단 재단하기

1 재단시에는 원단을 한손으로 눌러주고 가위를 바닥에 댄 채로 재단한다. 절대 원단과 가위를 들고 재단하지 않는다.

★ **원단의 방향**

식서 방향

바이어스 방향

푸서 방향

● 원단이 감겨 있는 길이 방향을 식서 방향이라고 한다. 식서 방향을 지키지 않을 경우 세탁 후 원단의 수축과 형태 변형이 있을 수 있으므로 꼭 지켜서 재단해야 한다.

● 식서의 반대 방향을 푸서 방향이라고 하며 약간의 신축성과 올풀림이 있다.

● 45도 각도의 방향을 바이어스 방향이라고 하며 바이어스테이프와 파이핑 등을 재단할 때 쓰는 방향이다.

끈 만들기 1번

1 길게 재단된 원단 두 장을 겉 끼리 마주보게 겹친 후, 시접을 1㎝폭으로 'ㄷ'자로 둘러 박음질한다.

2 모서리를 삼각형으로 잘라낸다. 박음질선이 잘리지 않도록 주의한다.

3 시접을 가름솔한다.

4 가는 막대기를 이용해 뒤집는다.

5 송곳으로 모서리를 빼내고 다린다.

끈 만들기 2번

1 길이 방향으로 가운데를 중심으로 양쪽을 접어준다.

2 가운데를 접고 상침한다.

얇은 끈 만들기

1 길게 재단된 원단을 안쪽면 이 보이도록 길게 반을 접는다.

2 원하는 두께로 박음질한다.

3 시접을 짧게 잘라낸다.

4 루프를 이용해 뒤집는다.

5 잘 다려서 완성.

끈 끝접는 방법

1 길이 방향으로 반을 접어 다리고 양옆을 중심을 향해 접어 다린다.

2 다리미선대로 오른쪽 다린 선을 접는다.

3 윗부분을 1㎝ 접어 내린다.

4 오른쪽 다린 선을 한 번 더 접는다.

5 왼쪽 펼쳐져 있는 부분을 접어 안쪽으로 넣는다. 이때 1㎝를 접어 내린 윗부분 시접 사이로 넣어준다.

A

조금 더 정성 들여 만드는 가방

pattern

01

무심한 숄더백

무심한 듯 어깨에 툭!
그렇게 걸치기만 해도 어디에든 어울리는 숄더백. 그런 가방이 갖고 싶었다.
흔하디 흔한 디자인이지만 유독 애정이 가는 탓에 오늘부터 쭉 함께 하기로.

pattern no. ▶ A-1

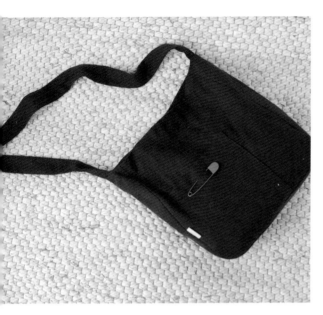

01 무심한 숄더백

사용패턴
A-1
몸판(겉감 2장)
옆(겉감 1장)
주머니(겉감 1장)
몸윗단(겉감 2장)
몸아랫단(안감 2장)
옆윗단(겉감 2장)
옆아랫단(안감 1장)
끈 82cmX5.5cm(겉감 2장)-끈은 시접 포함

원단
겉감:린넨10수 또는 캔버스 1마
안감:면20~30수 1/2마

● BEFORE START

모든 패턴에 1cm의 시접을 주고
주머니 패턴에 '4'로 표시된 부분은 4cm의 시접을 준다.
끈은 식서 방향으로 길게 재단한다.

1 주머니 입구를 안쪽으로 2cm씩 두 번 접어 박음질하고 옆선을 1cm 안쪽으로 접어 다려 준다.

2 겉감의 몸판 주머니를 한쪽 아래에 박음질로 고정해준다.

3 겉감 몸판에 옆면의 겉이 서로 마주보게 하여 둘러 박음질 한다.

4 몸판의 둥근 모서리와 연결되는 부분 옆선에 가위밥을 준다.

5 같은 방법으로 나머지 한 장의 겉감 몸판도 옆면에 연결한다.

6 안감의 몸윗단과 몸아랫단을 겉끼리 마주보도록 하여 연결한다.

7 시접을 가름솔하며 다린다.

8 옆윗단과 옆아랫단도 같은 방법으로 연결하고 가름솔한다.

9 안감의 몸판과 옆면을 연결하는 방법은 겉감과 같다. 한쪽 옆에 창구멍을 남긴다.

10 자석단추를 달아줄 위치의 안쪽에 접착심지를 사방 2㎝ 크기로 붙여주고 두 장을 겹쳐 송곳으로 표시한다.

11 표시된 위치에 자석단추를 달아준다.

12 자석단추 달기의 자세한 방법은 기초바느질(p13)을 참고한다.

13 끈 만들기 1번 방법(p16)으로 끈을 만든다.

14 겉감의 옆면(겉) 중심에 끈을 위치시키고 고정한다.

15 겉감을 뒤집지 않은 안감 안으로 겉이 마주보이게 집어 넣는다.

16 입구 둘레를 1㎝ 간격으로 둘러 박음질한다.

17 창구멍으로 뒤집어 다리고 겉에서 1㎝ 간격으로 둘러 박아준다. 창구멍을 공그르기로 막아 마무리한다.

나만의 스타일로 변신시키기

자칫 심심해 보일 수 있는 가방에 조금만 변화를 주면 새로운 스타일로 변신할 수 있다.
무심한 숄더백의 뒷부분에 모티브를 고정해주고 가방의 뚜껑처럼 사용하면
원래의 차분한 느낌과는 다른 생기 넘치는 표정의 가방이 연출된다.

02

모범생 크로스백

밝고 명랑하고 공부도 잘하는 모범생이었던 내 친구.
지금은 세 아이의 엄마가 되어 고단이 녹아든 얼굴을 하고 있지만 학창시절 너는 참 반짝반짝 빛났었어.
육아에 지친 네 얼굴을 보니 대견하기도 하고 안쓰럽기도 하더라. 우리 말이야. 아이들 얼른 키워놓고
가볍게 챙겨 놀러도 가고 재미있는 거 배우러도 다니자. 그때 이 가방 어때? 풋풋했던 대학시절 생각하며 말이지.

pattern no. ▶ A-2

02 모범생 크로스백

사용패턴
A-2
몸판&뚜껑(겉감 4장, 안감 2장)
주머니(안감 1장)
옆(겉감 1장, 안감 1장)
끈 102㎝ X 6.5㎝(겉감 2장)-끈은 시접 포함
※ 끈이 길어서 원단 사용량이 많으므로 끈을 이어서 사용하세요.

원단
겉감:캔버스 1.5마
안감:면20~30수 1마

● BEFORE START

모든 패턴에 1㎝의 시접을 주고 재단한다.
주머니 패턴에 '4'로 표시된 부분은 4㎝의 시접을 준다.
끈은 식서 방향으로 길게 재단한다.

1 주머니 입구를 안쪽으로 2㎝
씩 두 번 접어 박음질한다.

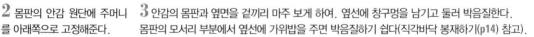

2 몸판의 안감 원단에 주머니
를 아래쪽으로 고정해준다.
가운데 부분을 한 번 더 박음질
한다.

3 안감의 몸판과 옆면을 겉끼리 마주 보게 하여. 옆선에 창구멍을 남기고 둘러 박음질한다.
몸판의 모서리 부분에서 옆선에 가위밥을 주면 박음질하기 쉽다(직각바닥 봉재하기(p14) 참고).

4 몸판 겉감도 같은 방법으로 옆면과 연결한다. 단, 창구멍을 내지 않는다.

5 뚜껑용으로 재단해 놓은 겉감 두 장을 겉끼리 마주보게 하여 윗면을 남기고 둘러 박음질한다.

6 뒤집어 다린 후 1㎝ 폭으로 둘러 박음질한다.

7 끈만들기 1번 방법(**p16**)으로 끈을 만든다.

8 겉감 옆면의 겉에 끈을 고정하고 겉감 몸판의 한쪽에 뚜껑을 고정한다.

9 겉감을 뒤집지 않은 안감 안으로 겉이 마주보이도록 집어넣는다.
이때 겉감의 뚜껑과 안감의 주머니가 같은 쪽으로 마주보게 해야 한다.

10 입구를 1㎝ 간격으로 둘러 박음질한다.

11 창구멍으로 뒤집어 다리고 입구를 1㎝ 간격으로 둘러 박음질한다.

12 공그르기로 창구멍을 막는다.

단정한 바네 크로스백

원단으로 일상을 만드는 사람이다 보니 일상복에 메고 다닐 디자인은 많지만
점잖은 자리에 맞는 단정한 가방이 없다.
만들기가 쉬운 바네파우치. 사이즈가 큰 바네를 사용하면 가방으로도 훌륭하고 열고 닫기도 편하다.
가죽으로 만들면 어떤 느낌일까?

pattern no. ▶ A-4

03 단정한 바네 크로스백

사용패턴

A-4
몸판(겉감 2장, 안감 2장)
옆면(겉감 1장, 안감 1장)
주머니(겉감 1장)
입구덧단(겉감 2장)

원단

겉감:모직 1/2마
안감:워싱된 기모아즈미노 1/2마

부재료

25㎝바네(고리 있는 종류), 가죽 크로스끈

● BEFORE START

모든 패턴에 1㎝의 시접을 주고 입구덧단에 1.5로 표시
된 부분과 주머니 패턴에 4로 표시된 부분은 해당숫자만
큼의 ㎝를 준다.

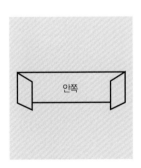

1 입구덧단의 시접을 안쪽으로 접어 다리고 양면테이프로 붙여준다.

2 붙인 시접 끝을 겉에서 바늘땀이 잘 보이지 않도록 살짝 떠준다.

3 입구 덧단을 겉이 보이도록 길게 반을 접어 다린다.

4 주머니 입구를 2㎝씩 S자 모양으로 접어준다.

5 주머니의 옆선이 직선모양인 곳의 입구시접을 박음질한다.

6 시접을 살짝 잘라내고 뒤집어 시접 안쪽을 접어 다려준다.

7 주머니입구 시접을 색실로 홈질해 고정한다.

 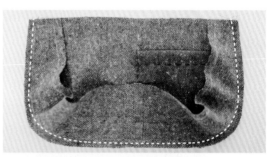

8 몸판의 겉감 겉에 주머니를 달아준다. 직선부분은 색실로 한 번 더 홈질해준다.

9 몸판 겉감의 겉과 옆면 겉감의 겉을 서로 마주보게 해서 연결한다. 나머지 몸판의 겉감도 옆면에 연결한다.

10 몸판과 옆면의 안감 안쪽에 접착심지를 붙인다. 시접엔 붙이지 않는다.

11 몸판과 옆면의 안감을 겉감과 동일한 방법으로 연결한다. 밑면엔 창구멍을 남긴다.

12 몸판의 겉감 겉에 입구덧단을 올려 시침핀을 고정한다.

13 겉감을 뒤집지 않은 안감 안으로 겉이 마주보이도록 집어 넣는다.

14 입구 둘레를 1㎝ 간격으로 둘러 박음질한다.

15 창구멍으로 뒤집어 입구를 잘 다려주고 창구멍은 공그리기로 막음한다.

16 바네의 한쪽을 열어 입구
덧단 안으로 밀어넣는다.

17 반대쪽에서 바네를 닫아
준다.

18 고리에 크로스끈을 걸어 사용한다.

바네 여는 방법

바네를 여는 도구가 있으면 쉽게 열 수 있다.
하지만 모든 도구를 구비하기는 쉽지 않기 때문에 날이 있는 가위로 여는 법을 소개한다.
반드시 잘 사용하지 않는 가위로 쓴다. 날이 무뎌질 수 있기 때문이다.

1 바네의 동그란 고리 부분을 잡고 당겨준다.

2 고리와 몸체 사이의 약간 벌어진 틈으로 날이 있는 가위를 넣는다.

3 가위를 힘껏 오므려준다.

4 '톡'하는 느낌과 함께 고리가 빠진다.

5 끼워 넣는 방법은 몸체의 고리 구멍을 잘 맞추고 고리를 밀어 넣어 끼우면 된다.

04

내 아이의 신발주머니

어떤 일이든 천천히 오래 기다려줘야 하는 둘째. 처음 학교에 입학하는 날, 모든 것이 걱정투성이었다.
친구와 잘 지낼 수 있으려나? 공부는 잘 따라갈 수 있으려나? 심지어 실내화는 잘 갈아 신을 수 있을런지······.
모든 것이 새롭고 두려울 아이에게 엄마냄새 가득한 신발주머니를 만들어주었다.
늘 엄마가 함께 있다는 마음과 힘찬 응원을 담아서!

pattern no. ▶ A-5

04 내 아이의 신발주머니

사용패턴
A-5
몸판(겉감 2장, 안감 2장), 주머니(겉감 1장)
옆면(겉감 1장, 안감 1장)
여밈고리(겉감 4장)
손잡이 28cm X 7cm(2장 재단)-끈은 시접 포함
※ 안감 재단시 몸판과 옆면의 안감절개선을 절개하여 재단한다.

원단
겉감:면마15수 1/2마
안감:면라미네이트 1/2마

부재료
벨크로 약간, 하드 접착심지(가방용) 1/4마

● **BEFORE START**

설명서를 충분히 숙지 후 재단한다. 안감은 안감절개선을
절개하여 재단한다. 모든 패턴엔 1cm의 시접을 주고 재단
한다. 주머니 패턴에 '4'로 표시된 부분은 4cm의 시접을
주고 재단한다. 손잡이는 식서 방향으로 길게 재단한다.

자르기

1 몸판과 옆면의 패턴에 안감절개선을 잘라 안감을 재단한다. 윗
부분은 겉감원단으로, 아랫부분은 라미네이트 원단으로 재단한다
(겉감은 절개하지 않고 재단).

2 여밈고리 2장을 겉끼리 마주보도록 겹쳐 'ㄷ'자로 박음질하고
모서리 시접을 사선으로 잘라낸 후 뒤집는다.

3 고리 끝에 벨크로를 적당한 크기로 잘라 박음질한다.

4 중심에 고리를 고정하고 절개한 몸판 안감의 겉을 마주보게 하여 연결한다. 한쪽 몸판엔 벨크로가 아래로 가게 해서 고정한다.

 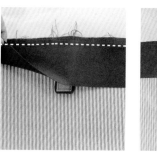 

5 한쪽 몸판에는 벨크로가 위를 보도록 고정한다. 시접은 가름솔한다.

6 절개한 옆면도 연결한다.

7 절개 사이에 이름표 면라벨을 끼워주면 이름을 적어줄 수 있다.

8 몸판의 안감과 옆면의 안감을 겉끼리 마주보게 하여 연결한다. 이때 옆선에 창구멍을 남긴다.

9 곡선에 가위밥을 넣는다.

10 주머니의 입구 부분을 안쪽으로 2cm씩 두 번 접어 박음질한다.

11 주머니 입구 안쪽 중심에 벨크로를 박음질한다.

13 몸판의 겉감 겉에 주머니를 올려 보고 벨크로 위치를 표시한다.

12 몸판과 옆면의 겉감 안쪽에 접착심지를 붙인다. 시접에는 붙이지 않는다(완성선까지만 붙인다).

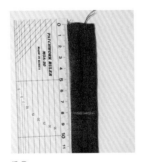  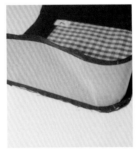 

14 몸판의 겉감 겉에 벨크로를 박음질한다.

15 주머니를 다시 올려 임시로 고정해 놓는다.

16 겉감의 몸판과 옆면을 연결한다. 창구멍은 남기지 않는다.

17 손잡이용 끈을 끈 만들기 2번 방법(p16)을 참고하여 만든다.

18 손잡이의 양쪽 끝에 8cm 되는 부분을 표시해 둔다.

19 손잡이를 길게 반을 접고 표시된 부분 사이를 한 번 박음질한다.

20 몸판의 겉감 겉에 손잡이를 고정한다.

21 겉감을 뒤집지 않은 안감 안으로 겉이 마주보이게 집어넣는다. 입구 둘레를 1cm 간격으로 둘러 박음질한다.

22 창구멍으로 뒤집어 다리고 겉에서 3mm 간격으로 둘러 박아준다. 창구멍은 공그르기로 막음한다.

가방이나 파우치에 안감을 넣어 작업하면 보다 깔끔하고 완성도 높은 작품을 만들 수 있다. 하지만 설명서를 꼼꼼하게 숙지하고 만들기를 해도 안감이 울거나 따로 노는 듯한 모양새가 되는 경우를 종종 볼 수 있다. 이는 안감과 겉감의 크기를 똑같이 재단했기 때문에 벌어지는 현상으로, 틀린 봉재는 아니지만 보다 깔끔하게 안감을 처리하는 간단한 팁을 소개한다.

깔끔하게 안감을 넣는 방법

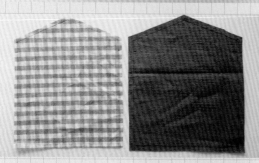

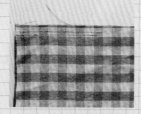

겉감은 설명서에서 제시한 크기로 시접을 준다. 안감은 가방의 경우 겉감보다 5㎜, 작은 파우치는 3㎜ 정도 시접을 작게 주고 재단한다. 단, 박음질을 할 경우에는 설명서에서 제시한 분량만큼 박음질을 해야 한다.

이렇게 하면 깔끔하게 안감을 넣을 수 있다.

05

친절한 언니의 숄더백

내겐 여동생이 있다. 어린 시절 징글징글하게도 투닥거렸던,
하지만 지금 동생은 누구보다 좋은 친구이며 마음을 기댈 수 있는 언니 같다.
그녀는 나를 어떻게 생각하고 있을까? 내 마음과 같기를 바라며 바늘을 잡았다.
옛다! 친절한 언니가 고마운 네게 주는 숄더백이야.

pattern no. ▶ A-6

05 친절한 언니의 숄더백

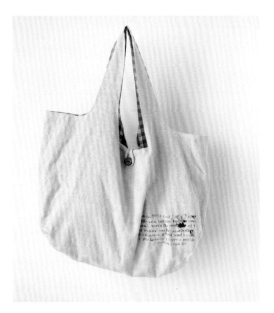

사용패턴
A-6
몸판(겉감 2장, 안감 2장)
옆면(겉감 2장, 안감 2장)
고리(겉감1장) - 시접없이 재단

원단
겉감:면마15수 1마
안감:면마프린트15수 1마

부재료
단추 1개

● **BEFORE START**

모든 패턴에 1㎝의 시접을 주고 재단한다.

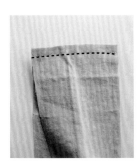

1 옆면의 겉감 2장을 겉끼리 마주보게 하여 연결한다. 시접은 가름솔한다.

2 겉감의 몸판과 옆면을 겉끼리 마주보게 하여 연결한다.

3 바닥 곡선부분의 시접을 V자로 파주면 깔끔한 곡선을 만들 수 있다.

4 나머지 한 장의 몸판도 옆면과 연결한다.
뒤집어 다리고 시접을 몸판 쪽으로 보내 겉에서 얇게 눌러 박아준다.

5 고리의 겉을 마주보게 길게 반을 접어 시접은 1㎝ 간격으로 박음질한다.

6 시접을 짧게 잘라낸다.

7 루프를 이용해 뒤집어준다.

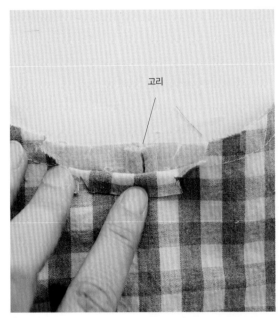

고리

5㎝

9 손잡이 바깥쪽은 끝에 5㎝ 가량을 남기고 둘러 박는다.

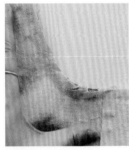

10 곡선 부분에 가위밥을 촘촘하게 넣어준다.

8 안감도 같은 방법으로 몸판과 옆면을 연결한다. 이때 옆선에 창구멍을 남겨준다. 겉감을 뒤집지 않은 안감 안으로 겉이 마주보이게 집어넣는다.
손잡이 안쪽으로 U자 부분을 박음질한다. 이때 안감과 겉감의 사이 고리 표시 부분에 반으로 접은 고리를 끼워준 채로 박음질한다.

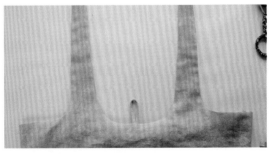

11 창구멍으로 뒤집어 다려준다.

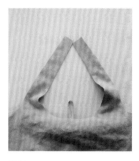

12 트여 있는 손잡이 끝을 펼쳐 반대쪽 손잡이와 겉을 마주 대고 박음질한다.

13 박음질한 시접을 가름솔하고 트임 있는 곳의 시접을 안쪽으로 넣어준다.
손잡이의 트여 있는 부분과 안감의 옆선 창구멍을 공그르기하여 막아준다.

14 단추를 달아 완성한다.

46

바느질 초보들이 흔히 하는 실수 중 하나는 선세탁을 하지 않고
바로 작업을 하는 것이다.
'세탁을 하고, 하지 않고가 뭐 그렇게 중요한가'라고 생각할 수 있지만
무심코 생략한 작업으로 완성한 작품을 못쓰게 되는 경우가 생길 수 있기 때문에
간단한 작업이라고 무시해서는 안 될 일이다.
한 번의 워싱작업으로 수축이 모두 해결된다고는 할 수 없지만
작품에 미치는 최소한의 변형을 위해서는 꼭 필요한 과정이라고 할 수 있다.
원단은 물을 만났을 때 수축하는 수축률이 모두 다르다.
같은 종류의 원단이라 해도 예외는 아니다.

안감을 넣은 작품이 세탁을 거치고 난 후 어느 한쪽이 우글거리고 말려 들어가는 현상이
발생한다면 이는 틀림없이 수축률이 서로 다른 원단을 워싱과정 없이 작업한 경우이다.
한번 줄어든 원단을 되돌리기란 어려운 문제이므로 미리 예방하는 것이 바람직하다.
다행히 요즘은 제조 과정에서 워싱처리가 된 원단이 생산되고 있어 따로 선세탁 과정 없이
작업을 해도 안전하다. 원단 구매시 워싱처리 유무를 반드시 확인하는 것이 좋다.
선세탁을 하는 방법은 미지근한 물에 원단을 2시간 정도 담궈 놓았다가 손으로 가볍게 주물
러 세탁하고 맑은 물로 헹궈 널어준 후 거의 마른 상태에서 다림질하여 사용한다.

설레임 피크닉가방

수학여행을 간다는 딸아이가 밤새 분주하게 가방을 챙기며 들뜬 기분을 마구 방출하고 다닌다.
그 마음이 내게도 전해져 엉덩이가 들썩들썩.
안되겠다! 내일은 나도 예쁜 피크닉 가방에 맛난 거 잔뜩 챙겨서 친구들과 소풍을 다녀와야겠다.

pattern no. ▶ A-7

● BEFORE START

4또는 1.5라고 쓰여진 곳은 4cm, 1.5cm의 시접을 주고
나머지는 모두 1cm의 시접을 준다.
몸안감과 바닥의 안감원단은 시접을 오버로크하거나
지그재그로 봉재해준다.

06 설레임 피크닉가방

사용패턴
A-7
몸판(겉감 2장)
옆면(겉감 2장)
바닥(겉감 1장, 안감원단 1장)
덧단(안감 2장)
몸안감(안감 2장)
안주머니(안감1장)
보자기(2장)

원단
겉감:왕골원단 1마,
안감:캔버스원단 1/2마,
보자기:워싱면프린트30수 1/2마

부재료
가시도트 5쌍, 폭 1.5cm의 가죽끈 41cm 2개,
폭 1cm 면끈 20cm 8개

1 주머니 입구 시접을 안쪽으로
2cm씩 두 번 접어 박음질한다.

2 주머니의 입구에 수가시도트
를 달고, 몸안감의 겉쪽에 암가
시도트를 달아준다.

3 주머니 양쪽 시접을 안쪽으
로 1cm씩 접어 넣어 몸안감의
겉에 박음질한 후 고정한다.

4 몸안감을 겉끼리 마주보게
하여 옆선을 박음질한다.
시접은 가름솔한다.

5 몸안감의 옆선과 바닥의 중심을 맞추어 겉끼리 마주보게 연결한다.

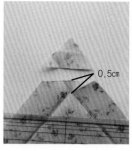

6 보자기 시접1.5㎝를 안쪽으로 접어 다린다.

0.5㎝

7 교차하는 지점의 시접을 교차점에서 0.5㎝만 남기고 잘라낸다.

8 교차점을 중심으로 하며 안쪽으로 접어준다.

9 1.5㎝의 시접을 7㎜ 한 번, 8㎜ 한 번을 접어 다린다.

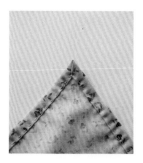

10 홈질하거나 박음질하여 고정한다.

11 삐져나온 끝시접은 잘라낸다.

12 보자기의 몸판 중심을 맞춰 겹쳐지게 하여 보자기의 안쪽과 몸안감의 겉쪽을 맞대고 둘러 박음질한다.

13 덧단의 안쪽에 시접 부분은 제외하고 접착심지를 붙인다. 덧단 2장을 겉끼리 맞대고 옆선을 박음질한다.

14 시접은 가름솔한다.

15 한쪽 시접을 안쪽으로 1㎝ 접어 다린다.

16 보자기를 연결해놓은 안감에 보자기의 겉과 덧단의 겉을 맞대고 그 사이에 면끈을 끼워 넣고 둘러 박아준다(1㎝ 접어넣지 않은 쪽).

17 박음질선을 따라 덧단을 젖혀 다린다.

 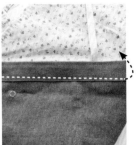

18 0.5㎝ 간격으로 둘러 박는다.

19 덧단을 몸판 쪽으로 넘겨 겉에서 얇게 눌러 박아 고정한다. 이때 보자기와 끈은 함께 박아지지 않도록 들춰준다.

1㎝

20 겉감 몸판과 옆면을 겉끼리 마주보게 하여 4장을 연결한다. 끝까지 박음질하지 않고 밑에 1㎝는 남겨두고 박는다.

21 시접은 가름솔하여 겉감의 바닥과 연결한다. 남겨둔 1㎝를 벌려 모서리를 박아주면 깔끔하게 봉재된다.

22 겉감 몸판 입구를 1㎝ 한 번, 3㎝ 한번을 접어 모서리마다 면끈을 끼워 둘러 박아준다.

23 안감 몸판의 가시도트 위치에 수가시도트를 달아주고,

24 겉감 몸판의 가시도트 위치에 암가시도트를 달아준다.

25 가죽손잡이와 몸판의 손잡이 위치에 송곳으로 구멍을 뚫어
실로 고정한다.

26 구멍에서 3.5㎝ 윗쪽에 구멍을 한 개 더 뚫어주고 리벳 또는 실로 다시 한 번 고정한다.

07

처음 버킷백

학교 졸업 후 첫 직장에 입사했을 때. 처음 내가 번 돈으로 예쁜 가방을 하나 샀었다.
들고 메고 내 몸에서 떨어질 줄 몰랐던 소중한 가방. 낡고 해져서 아일렛이 빠지고 모서리에 구멍이 나던 날,
간절하게 똑같은 가방을 사고 싶었던 기억이 난다. 비록 똑같은 가방은 아니지만 20년이 훨씬 지나 내 손으로 비슷한 가방을 만들었다.
흔하디 흔한 이 가방이 그렇게도 좋았던 어리고 여린 그때를 기억하며……

pattern no. ▶ A-3

● BEFORE START

모든 패턴에 1cm의 시접을 주고 재단한다.
끈은 식서 방향으로 길게 재단한다.

07 처음 버킷백

사용패턴
A-3
몸판-1(겉감 2장, 안감 2장)
몸판-2(겉감 2장, 배색겉감 2장)
바닥(배색겉감1장, 안감 1장)
어깨끈 120cm X 8cm 1장(끈은 시접 포함)
여밈용끈 100cm X 4cm 1장(끈은 시접 포함)
사각링고정끈 8cm X 4cm 1장(끈은 시접 포함)
바이어스테이프 90cm X 3cm 1장(시접 포함)-사선 방향으로 재단

원단
겉감:캔버스 1/2마, 바닥용 배색캔버스원단 1/4마
안감:면마10수 1/2마

부재료
내경2cm 사각링 1개, 내경2cm 가방끈 조절고리 1개,
아일렛21호 12쌍, 36합 3mm 파이핑끈 1마, 하드 접착심지 1/2마

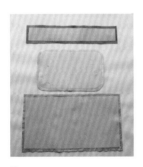

1 몸판-1의 안감, 몸판-2의 겉감, 바닥의 안감에 접착심지를 붙인다. 시접에는 붙이지 않는다.

2 몸판-1의 겉감과 몸판-2의 배색겉감을 겉끼리 마주보게 하여 연결한다.

3 시접은 몸판-2쪽으로 넘기고 5mm 간격으로 상침한다.

4 연결한 몸판 2장을 겉끼리 마주보게 하여 옆선을 박음질한다. 시접은 가름솔한다.

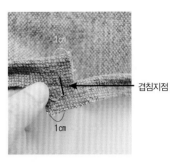

5 바이어스테이프를 길이로 반을 접어 사이에 파이핑끈을 넣은 채 외노루발을 이용해 파이핑끈 가까이 박아준다.

6 바닥의 배색겉감 둘레에 외노루발을 이용해 파이핑을 둘러준다. 파이핑의 시작과 끝은 약 5cm씩 띄워 놓고 박음질한다.

7 파이핑 끝을 겹쳐 겹침 지점에서 양쪽으로 1cm씩의 여유분을 남기고 자른다.

8 파이핑끈을 고정하기 위한 박음질선을 3cm 정도 풀어준다. 바이어스테이프만 1cm 간격으로 박음질하고 시접을 가름솔한다.

9 파이핑끈을 약간만 겹치도록 잘라준다.

10 연결 부분의 남겨 놓은 파이핑을 박아준다.

11 바닥중심과 몸판의 옆선(두 장을 연결한 박음질선)을 잘 맞추어 둘러 박는다.

12 뒤집어서 파이핑이 잘 둘러졌는지 확인한다.

13 몸판-2의 겉감과 몸판-1의 안감을 겉끼리 마주보게 하여 연결한다. 시접은 가름솔한다.

14 안감 두 장을 겉끼리 마주보게 포개어 옆선을 박음질한다. 이때 옆선에 창구멍을 10㎝ 정도 남겨준다. 시접을 가름솔하고 겉감과 같은 방법으로 몸판-1과 바닥을 연결한다. 파이핑은 두르지 않는다.

15 사각링고정끈을 양쪽에서 중심쪽으로 접어준다.

16 중심을 접고 양옆을 박음질한다.

17 사각링을 끼워 임시 고정한다.

18 끈 만들기 2번 방법(p16)을 이용해 어깨끈과 여밈끈을 만든다. 여밈끈 끝은 끈 끝접는 방법(p17)으로 접어준다.

19 겉감의 옆선에 사각링고리를 고정해준다.

20 반대쪽 옆선엔 어깨끈을 고정해준다.

21 겉감을 뒤집지 않은 안감 안으로 겉이 마주보이게 집어 넣는다. 입구를 둘러 박음질한다. 창구멍을 통해 뒤집어 다린다. 창구멍은 공그르기한다.

22 입구를 5㎜ 간격으로 둘러 상침한다.

23 연결되지 않은 어깨끈 한쪽에 가방끈 조절고리를 끼운다.

24 몸판옆선에 달아놓은 사각 링을 통과시킨 후,

25 가방끈 조절고리 가운데에 넣는다.

26 가운데 고리에 걸어 다시 빼낸다.

27 빠지지 않도록 끝을 한 번 접어 끈에 박음질한다.

28 아일렛 기구를 이용하여 표시된 위치에 아일렛을 달아주고 끈을 끼워 한 번 묶는다.

29 입구 중심에 자석단추를 바느질로 달아준다.

30 조절끈 가운데에 예쁜 손수건이나 리본을 묶어주면 분위기를 바꿀 수 있다.

B

가볍게 만들어 더 편한 가방

pattern

01

귀여운 손가방

나는 환자수준의 건망증을 가지고 있다. 식당에 가방을 놓고 오기는 일상이요.
방금 치운 물건을 못 찾는 일도 다반사이다. 아이들과 남편이 뒷정리를 하며 챙겨주니 다행.
혼자 다닐 때 되도록 가볍게 들고 잃어버려도 덜 속상한 작은 가방을 만들었다.
이 귀여운 가방엔 그런 슬픈 사연이 들어 있다.

pattern no. ▶ B-1

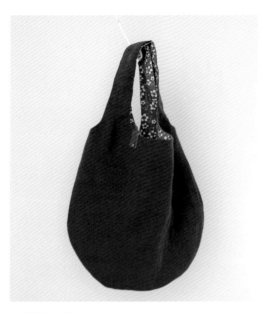

01 귀여운 손가방

사용패턴
B-1
몸판(겉감 2장, 안감 2장)

원단
겉감:모직 또는 린넨15~20수
안감:면 또는 린넨20수

● BEFORE START

몸판 패턴에 1㎝의 시접을 주고 재단한다.

1 겉감 2장을 겉끼리 마주보게 포개어 옆선을 박음질한다. 둥근 부분의 시접을 5㎜만 남기고 잘라버린 후 뒤집어 다려준다.

2 안감도 같은 방법으로 봉재한다. 이때 안감엔 창구멍을 남겨준다.

3 뒤집지 않은 안감 속으로 뒤집어 겉이 보이는 겉감을 밀어 넣어준다.

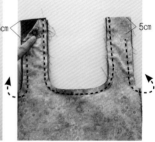

5cm   5cm

4 손잡이 안쪽으로 U자 부분을 박음질한다.
손잡이 바깥쪽은 끝에 5㎝ 가량을 남기고 둘러 박는다.

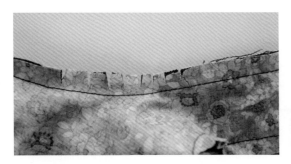

5 곡선 부분에는 가위밥을 촘촘하게 넣어준다.

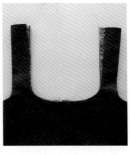

6 창구멍으로 뒤집어 다림질 한다.

7 트여 있는 손잡이 끝을 펼쳐 반대쪽 손잡이와 겉을 마주대고 박음질한다.

8 옆에서 보면 이런 모습.

9 박음질한 시접을 가름솔하고 트임이 있는 곳의 시접을 안쪽으로 넣어준다. 트여 있는 손잡이 부분과 창구멍을 공그르기로 완성한다.

02

약속 고리백

귀여운 손가방을 만들다가 재단 실수로 만들게 된 약속 고리백. 같은 종류의 가방을 들고 다니는 걸 많이 봤는데
이렇게 만드는 거였구나. 매일매일 바느질을 하면서도 늘 부족한 느낌이지만,
새로운 것을 대할 때의 짜릿한 쾌감을 느낄 수 있어서 좋다.
자주 만들어 주겠어. 꼭꼭 약속하는 모양의 약속 고리백!

pattern no. ▶ B-1

02 약속 고리백

사용패턴
B-1
몸판(겉감 2장, 안감 2장)
※ 패턴의 약속 고리백 만드는 절개선을 이용해
한쪽 손잡이를 짧게 재단한다.

원단
겉감:면이중지
안감:면 또는 린넨15수

● BEFORE START

몸판 패턴에 1㎝의 시접을 주고 재단한다.

1 만드는 방법은 귀여운 손가방과 동일하다.
단, 손잡이를 짧은 쪽끼리, 긴 쪽끼리 연결해준다.

03

예쁜 주름 토트백

복주머니 모양처럼 만들어 복 많이 넣어 달라는 간절한 마음을 담아 만든 토트백.
이 토트백을 들고 다니는 날은 이상하리만큼 좋은 일이 많이 생길 것 같다.

pattern no. ▶ B-2

03 예쁜 주름 토트백

사용패턴
B-2
몸판(겉감 2장, 안감 2장)
윗단(겉감 4장)
끈 42cmX5.5cm(겉감 4장) −끈은 시접 포함

원단
겉감:모직 1/2마
안감:워싱면20수 1/4마

● BEFORE START

모든 패턴에 1cm의 시접을 주고 재단한다.
끈은 식서 방향으로 길게 재단한다.

1 윗단 안쪽에 접착 심지를 붙이고 2장을 겉끼리 마주보게 하여 옆선을 박음질한다. 시접은 가름솔한다.

2 몸판의 겉감 2장을 겉끼리 마주보게 하여 둘러 박음질하고 시접은 가름솔한다.

3 주름분은 외주름을 잡아준다.

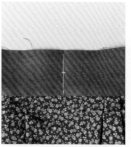

4 몸판의 겉과 윗단의 겉을 마주보게 하여 둘러 박는다. 외주름의 방향은 겉에서 볼 때 바깥쪽을 향하도록 한다.
시접은 윗단 쪽으로 넘겨 다려 5mm 간격으로 상침한다.

5 안감도 겉감과 같은 방법으로 만든다. 이때 바닥에 창구멍을 남겨둔다.

6 안감의 윗단에 자석단추를 달아준다.

7 끈만들기 1번 방법(p16)을 참고하여 손잡이를 만든다.

8 겉감의 손잡이 위치에 손잡이를 고정한다.

9 겉감을 뒤집지 않은 안감 안으로 겉이 마주보이게 집어넣는다. 입구를 둘러 박음질한다.

10 창구멍을 통해 뒤집어 다리고 공그르기로 막음한다.

04

기분 좋은 어트임 숄더백

바닥 둥근 숄더백이 거기서 거기긴
하지만 내껀 달라요. 옆트임이 있다니깐.
이런 세심한 디자인 포인트를 살리는 게 신의 한수라나 뭐라나.

pattern no. ▶ B-3, B-4

04 기분 좋은 옆트임 숄더백

사용패턴
B-3
몸판(겉감 2장, 안감 2장)
B-4
주머니(안감 1장)

원단
겉감:면마15~20수 1/2마
안감:프린트면20~30수 1/2마

부재료
4온스 접착솜 1/2마, 가죽핸들 1쌍

● BEFORE START

모든 패턴에 1cm의 시접을 주고 재단한다.
주머니 패턴에 '4'로 표시된 부분은 4cm의 시접을 준다.

1 몸판의 겉감 안쪽에 시접을 제외하고 접착솜을 붙인다. 주머니 입구를 안쪽으로 2cm씩 두 번 접어 다리고 박음질한다. 옆면과 밑면을 안쪽으로 1cm 접어 넣고 다려준다.

2 완성선에서 10cm 내려온 곳에 중심을 잘 맞춰 주머니를 달아 준다.

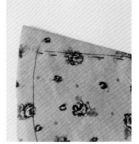

3 다트의 완성선에서 1mm 아래를 시침질로 고정한다.

4 다트를 넓은 쪽부터 좁은 쪽으로 박음질한다.
이때 좁은 쪽 끝은 되돌아박기를 하지 않고 실을 길게 남겨 3~4번 묶어준다.

5 시침한 실을 뽑아내고 남는 실은 잘라버린다. 시접은 한쪽으로 넘겨 다린다.

6 몸판의 안감 두 장을 겉끼리 마주보게 하여 옆선을 트임끝 표시까지 박음질한다. 창구멍을 남겨주고 시접은 가름솔한다.
겉감도 동일한 방법으로 몸판을 만든다. 창구멍은 내지 않는다.

7 겉감을 뒤집지 않은 안감 안으로 겉이 마주보이게 집어넣는다.

8 트임이 있는 옆선을 딱 맞게 맞춘다.

  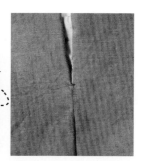

9 한쪽 시접을 펼쳐 겉감과 안감을 함께 트임끝까지 박아주고(다림질한 선을 박는다), 다른 쪽 시접도 펼쳐 트임끝까지 박아준다.

10 입구를 박아준다.

11 창구멍을 통해 뒤집고 잘 다려준다. 옆선의 트임끝은 터지지 않도록 손바느질로 고정해준다. 손바느질을 이용하여 손잡이를 달아준다.

05

이모 빅백

딸아이가 무척이나 아니 지나치도록 좋아하는 이모.
그 이모가 들고 다닐법한 가방, 엄마가 이걸 매일 들고 다닐 테니 이모만큼 좋아해주겠니?
눈 치켜뜨며 말대꾸하는 대신 나긋나긋 예쁘게 웃어주렴.
엄마가 아니고 이모다, 생각하고 말이야. 옷도 이모 스타일로 입을까?

pattern no. ▶ B-4

05 이모 빅백

사용패턴

B-4

몸판(겉감 2장, 안감 2장)

윗단(겉감 4장)

주머니(안감 1장)

어깨끈 61㎝ X 5cm(겉감 4장) −끈은 시접 포함

원단

겉감:모직, 린넨10~20수 1마

안감:면20~30수 1/2마

● **BEFORE START**

모든 패턴에 1㎝의 시접을 주고 재단한다.

주머니 패턴에 '4'로 표시된 부분은 4㎝의 시접을 준다.

끈은 식서 방향으로 길게 재단한다.

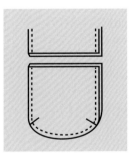

1 겉감 몸판의 다트를 박음질한다. 뾰족한 부분은 되돌아박기를 하지 않고 실을 길게 남겨 묶어준다(기분 좋은 옆트임 솔더백(p72) 참고).

2 몸판 겉감 2장을 겉끼리 마주보게 하여 박음질한다. 시접은 가름솔한다. 윗단 겉감 2장도 겉끼리 마주 보게 하여 옆선을 박음질하고 시접은 가름솔한다.

겉감의 몸판과 겉감의 윗단을 겉끼리 마주 보게 하고 둘러 박음질한다. 시접을 윗단 쪽으로 넘겨 겉에서 5㎜ 두께로 상침한다.

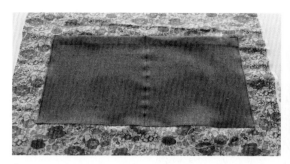

3 주머니 입구를 2㎝씩 두 번 접어 박음질한다. 입구를 제외한 3 면을 1㎝씩 안으로 접어 다려준다. 몸판 안감의 주머니 위치에 박 음질하여 고정한다. 가운데를 한 번 더 박아준다.

4 겉감과 동일한 방법으로 몸 판을 완성한다. 이때 밑바닥에 8~10㎝ 정도의 창구멍을 내 어준다.

5 끈 만들기 1번 방법(p16)으 로 끈을 2개 만든다.

6 겉감의 겉면에 고정한다.

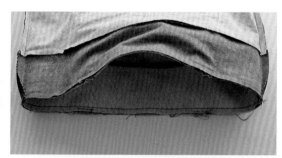

7 겉감을 뒤집지 않은 안감 안 으로 겉이 마주보이게 집어넣 는다.

8 입구를 1㎝ 간격으로 둘러 박음질한다. 창구멍으로 뒤집어 다 리고 겉에서 1㎝ 간격으로 둘러 박아준다. 창구멍을 공그르기로 막아 마무리한다.

06

마실 토트백

하루가 멀다 하고 우리 집에 놀러 오는 친한 언니. 나 심심할까봐 그러는 거라고……
그렇지? 내 말이 맞지? 언니가 심심해서가 아니고 나 때문이지?
몇 년을 한결같이 들고 다니는 가방이 오늘따라 안쓰러워 보이네. 조금씩 젖어들어 이젠 식구만큼 소중한 사이가 되어 버렸나 봐.
나를 위한 언니 마음이 참 곱고 예쁘니까 마실용 가방 하나 만들어 줄게. 우리집에 놀러올 땐 이거 들고 오는 거다!

pattern no. ▶ B-5

06 마실 토트백

사용패턴
B-5
몸판(겉감 4장)
주머니(겉감 또는 안감 1장)
손잡이(겉감 2장)

원단
잔골 코듀로이 1마

부재료
2온스 접착솜 1/2마

● **BEFORE START**

모든 패턴에 1㎝의 시접을 주고 재단한다.
안주머니 패턴에 '4'로 표시된 부분은 4㎝의 시접을 준다.

  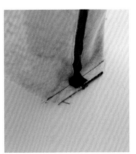 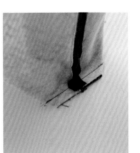

1 몸판의 겉감 안쪽에 접착심지를 붙인다.
몸판의 겉감 2장을 겉끼리 마주 보게 하여 옆면과 밑면을 박음질한다.

2 시접 부분의 접착심지와 원단을 분리하고 접착솜을 박음질 선까지 바짝 잘라준다. 시접은 가름솔한다.

3 밑면의 다트를 박음질한다.
밑바닥 다트는 접착심지를 떼어 내지 않아도 된다.

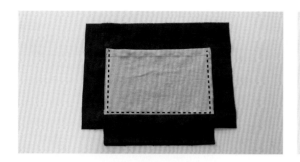

4 주머니 입구를 2cm씩 두 번 접어 박음질한다.
입구를 제외한 3면을 안쪽으로 1cm씩 접어 다린다.
몸판의 안감 주머니 위치에 주머니를 박음질한다.

5 겉감과 같은 방법으로 옆면, 밑면, 다트를 박음질한다. 이때 옆면에 창구멍을 남겨준다.

6 끈 만들기 1번 방법(p16)으로 손잡이를 만들고 겉감의 겉면 손잡이 위치에 손잡이를 고정한다. 손잡이 사이로 몸판이 들어가게 된다.

8 입구 둘레를 1cm 간격으로 둘러 박음질한다.
창구멍으로 뒤집어 다리고 창구멍을 공그르기로 마무리한다.

7 겉감을 뒤집지 않은 안감 안으로 겉이 마주보이게 집어넣는다.

07

레이스 토트백

사실은 말이다. 나는 치맛자락 밑으로 치렁치렁한 레이스가 있는 속치마를 입고 소매와 가슴에
주름이 자글한 원피스를 입고 싶었다. 음식을 먹을 때 고춧가루가 묻을까 조심스러운 소맷단이 넓은 옷도 좋아한다.
내가 좋아하는 스타일의 옷들을 조합하면 모든 이들의 눈길을 끌 게 분명하다.
난 용감하지 않은 여자, 사랑스러운 레이스 가방으로 끓어오르는 레이스 욕망을 잠재워 버렸다.

pattern no. ▶ B-6, B-4

07 레이스 토트백

사용패턴
B-6
몸판(겉감 2장, 안감 2장)
B-4
주머니(안감 1장)
끈 42cm X 5.5cm (안감 4장) – 끈은 시접 포함

원단
겉감 : 면레이스 15~20수 1/2마
안감 : 면20~30수 1/2마

부재료
10cm폭 이상의 면레이스 1마
스트링끈 2마

● BEFORE START

모든 패턴에 1cm의 시접을 주고 재단한다.
안주머니 패턴에 '4'로 표시된 부분은 4cm의 시접을 준다.
끈은 식서 방향으로 길게 재단한다.

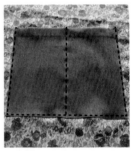

1 몸판의 겉감을 겉끼리 마주 보게 하여 옆면, 밑면, 다트를 박음질한다.
자세한 방법은 마실 토트백 (p80) 참고.

2 옆면을 박음질할 때 윗부분 에서 1cm 박음질하고, 2cm 띄 우고 박음질한다. 시접은 가름 솔한다.

3 끈 만들기 1번 방법(p16)으 로 끈을 만든다.

4 주머니 입구를 2cm씩 두 번 접 어 박아주고 옆면, 밑면을 1cm 안으로 접어 넣어 몸판의 안감 겉면 쪽에 주머니를 달아준다. 중심을 한 번 더 박음질한다.

5 겉감과 같은 방법으로 몸판의 안감을 완성하지만 옆선에 2㎝를 띄우지 않는다. 단, 창구멍을 내어준다.

6 레이스를 36㎝ 길이로 자른다.

7 레이스의 양끝을 안쪽으로 1㎝씩 두 번 접어 박음질한다.

8 레이스 윗부분의 울퉁불퉁한 부분을 깔끔하게 잘라낸다.

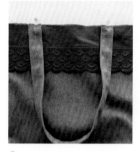   

9 몸판의 겉감 겉면에 레이스를 올리고 손잡이를 고정해준다. 반대쪽도 동일.

10 겉감을 뒤집지 않은 안감 안으로 겉이 마주보이게 집어 넣는다.

11 입구 둘레를 1㎝ 간격으로 둘러 박음질한다.

12 창구멍으로 뒤집어 다리고 레이스를 올린 후 겉에서 2㎝ 간격으로 둘러 박아준다.

13 사진처럼 끈을 'ㄷ'자 모양으로 교차해서 끼워준다. 빠지지 않도록 끝을 묶는다. 공그르기로 창구멍을 막는다.

08

파리의 그녀 숄더백

파리의 샹제리제 거리를 자유분방하게 걷고 있는 그녀. 한쪽 어깨엔 무심하게 늘어뜨린 내추럴한 가방,
금발의 머리 위에 내려 앉은 나른한 햇살, 영화속의 한 장면 같다.
이 가방은 유럽 스타일이라며 '파리' 라벨을 붙여주고 이름도 그렇게 지어주었다.
사실 고백하건대…… 파리는 빵집 외엔 가본 적도 없는 촌스런 나란 여자.

pattern no. ▶ B-6, B-4

08 파리의 그녀 솔더백

사용패턴
B-6
몸판(겉감 2장, 안감 2장)

B-4
주머니(겉감 1장)
끈: 120㎝ X 5㎝ 겉감 2장(시접 포함)
손잡이: 34㎝ X 5㎝ 겉감 4장(시접 포함)
고리 : 4㎝ X 5㎝ 겉감 4장(시접 포함)

원단
겉감:면마10수 2마
※ 끈을 길게 재단해야 하기 때문에 연결해서 사용할 경우 1마
안감:면마10~15수 1/4마

부재료
내경30㎜ (D링 2개, 가방끈 길이 조절고리 1개, 연결 고리 2개)

● BEFORE START

모든 패턴에 1㎝의 시접을 주고 재단한다.
안주머니 패턴에 '4'로 표시된 부분은 4㎝의 시접을 준다.
끈은 식서 방향으로 길게 재단한다.

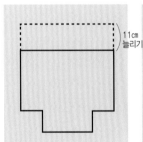

1 B-6 몸판을 위쪽으로 11㎝를 늘려 패턴을 그린다.

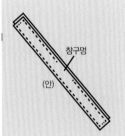

2 끈 2장을 겉끼리 마주보게 하고 그림처럼 둘러 박음질한다. 시접은 5㎜만 남기고 잘라낸 후 뒤집어 다려준다. 창구멍은 공그르기로 막는다.

3 고리 두 장을 겉끼리 마주보게 하여 옆선을 박음질한다. 시접은 5㎜만 남기고 잘라내고 뒤집어 다려준다.

4 D링을 끼워 반으로 접고 임시로 고정해 놓는다.

5 끈의 한쪽 끝에 가방끈 길이 조절고리를 끼워 눌러 박아준다.

6 연결고리 한 개를 끼워준다.

7 조절고리가 끼워지지 않은 한쪽 끝을 조절고리에 통과시킨다.

8 나머지 한 개의 연결고리를 끈의 끝에 끼우고 눌러 박아준다.

9 주머니 입구를 안쪽으로 2㎝씩 두 번 접어 다리고 박음질한다. 옆면과 밑면을 1㎝씩 안으로 접어넣어 다려준다.

10 몸판의 겉에 주머니를 달아준다.

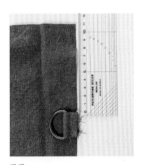

11 몸판의 겉, 위쪽에서 11㎝ 되는 지점에 고리를 임시 고정한다.

12 양쪽 모두 고정한다.

13 몸판 두 장을 겉끼리 마주보게 하여 옆면과 밑면을 박음질한다.

14 바닥 모서리 다트를 박는다.

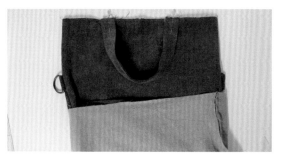

15 끈 만들기 1번 방법(p16)으로 손잡이를 만들고 몸판의 겉 중심에서 양쪽으로 5㎝씩 떨어진 위치에 올린다.
안감의 몸판도 겉감과 같은 방법으로 옆면, 밑면, 다트 순으로 박음질해서 만든다. 이때 옆면에 10㎝ 정도의 창구멍을 남긴다.

16 겉감을 뒤집지 않은 안감 안으로 겉이 마주보이게 집어넣는다.

17 입구를 둘러 박음질하고 창구멍으로 뒤집어 다려준다.
창구멍은 공그르기로 막는다. 옆면 D고리에 끈의 연결고리를 걸어 사용한다.

자투리 원단으로
파우치 만들기

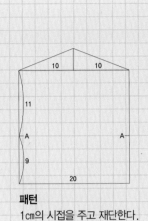

패턴
1㎝의 시접을 주고 재단한다.

1 안감과 겉감을 겉끼리 마주
보게 하여 창구멍을 남기고 박
음질한다.

2 시접을 가름솔한다.

3 박음질선을 기준으로 겉쪽이
보이도록 접어준다.

4 안쪽이 보이도록 A지점을
접어 내린다(안감도 같은 방법
으로).

5 둘러 박아준다.

6 창구멍으로 뒤집고 공그르기
로 막아준다.

7 T단추를 달아준다.

8 필통, 용돈봉투, 안경집 등으
로 사용하면 좋다.

너와 나의 솔더백

가방에 항상 챙겨야 할 소지품 목록을 적어본 후 알맞은 크기의 솔더백을 재단했다.
너무 작지도, 심하게 크지도 않은 적당한…… 그 적당함을 찾는 일은 쉬운 일이 아니다.
어렵지도 복잡하지도 않은 작업이지만 여러 번을 고치고 다시 만들었다. 사람과의 관계에서도 그 적당함을 유지하기란 중요하고도
쉽지 않은 일, 꼬리에 꼬리를 물어 별별 생각이 머리를 어지럽게 했다. 간단한 가방을 만들면서 참 깊이도 들어간다.

pattern no. ▶ B-7, B-5

● BEFORE START

모든 패턴에 1㎝의 시접을 주고 재단한다.
안주머니 패턴에 '4'로 표시된 부분은 4㎝의 시접을 준다.
끈은 식서 방향으로 길게 재단한다.

09 너와 나의 숄더백

사용패턴
B-7
몸판(겉감 4장)
여밈고리(색이 다른 겉감 2장)
어깨끈 78㎝ X 7㎝(겉감 2장) – 끈은 시접 포함

B-5
주머니(겉감 1장)

원단
면마15수 1마
색이 다른 면마15수 약간

부재료
2온스 접착솜 1/2마, 20mm 단추 1개

1 끈만들기 1번 방법(p16)으로 어깨끈을 만든다.

2 몸판 2장의 안쪽에 접착솜을 붙인다.

3 접착솜을 붙인 2장의 몸판 겉을 서로 마주보게 겹쳐 옆면과 밑면을 박음질한다. 시접은 가름솔한다.

  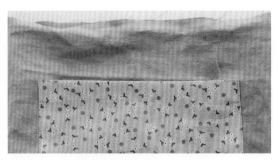

4 바닥 모서리 다트를 박는다.

5 주머니 입구를 2㎝씩 두 번 접어 다리고 박음질한다. 옆면과 밑면을 안쪽으로 1㎝ 접어 넣고 다려준 후 몸판의 안감 겉에 달아준다. 몸판 안감을 겉감과 같은 방법으로 만들어주되 옆선에 창구멍을 남긴다.

6 여밈고리 2장을 겉끼리 마주 보게 하여 옆선을 박음질한 후 뒤집어 다린다.

7 송곳을 이용하여 한쪽 끝의 올을 조금 풀어준다.

8 단추의 크기만큼 단춧구멍을 낸다.

9 손바느질로 단춧구멍에 버튼홀 스티치를 한다.

 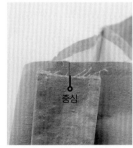 

10 몸판의 겉감 겉에 여밈고리를 올려 고정한다.

11 몸판 겉감의 옆선에 어깨끈 중심을 맞추어 고정한다.

12 겉감을 뒤집지 않은 안감 안으로 겉이 마주보이게 집어 넣는다(겉감의 여밈고리와 안감의 주머니는 서로 다른 쪽에 위치해야 한다. 즉, 마주보게 위치하지 않는다).
입구를 둘러 박음질한다. 창구멍을 통해 뒤집어 잘 다려준 후 공그르기로 창구멍을 막는다. 단추를 달아준다.

10

속삭임 숄더백

보이쉬한 매력의 그녀에게 어울릴 듯한 가방. 커다란 사이즈에 별거별거 다 넣어야 하고
내추럴하게 착 떨어지면서 그러나 촌스럽지 않게, 주문사항도 가지가지……
자꾸만 까다롭게 굴어서 대충 만들었는데 이상하게 끌림이 있다.
귓가에 맴도는 악마의 속삭임. '주지 마, 주지 마…… 네꺼 해!'

pattern no. ▶ B-8

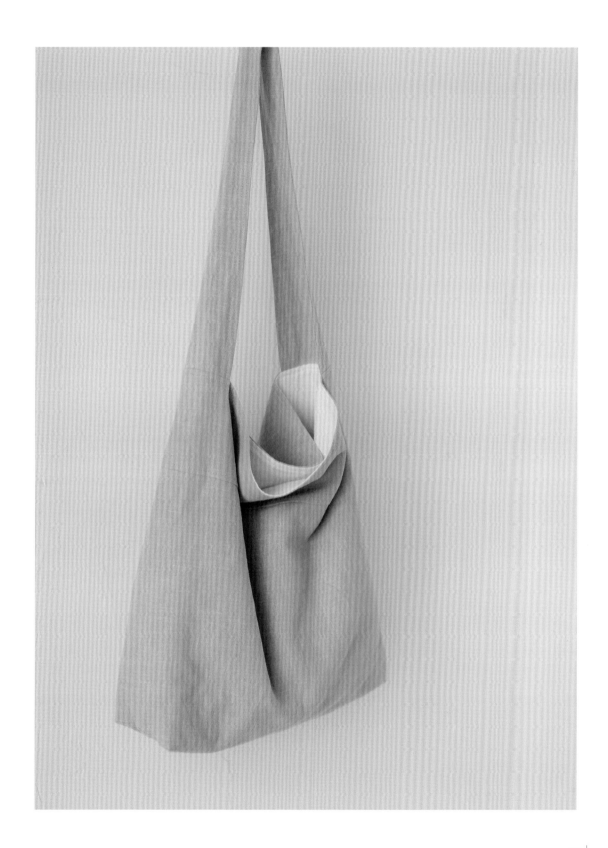

10 속삭임 숄더백

사용패턴
B-8
몸판(겉감 2장, 안감 2장)
어깨끈(겉감 2장)
C-5
주머니(안감 1장)

원단
겉감, 안감 : 면마8수 1마

● BEFORE START

모든 패턴에 1㎝의 시접을 주고 재단한다.
주머니 패턴에 '4'로 표시된 부분은 4㎝의 시접을 준다.
겉감은 절개선을 절개하여 재단한다.

1 겉감은 패턴을 절개하여 시접을 모두 1㎝씩 주고 재단한다. 안감은 패턴을 절개하지 않고 한번에 재단한다.

2 주머니 입구를 안쪽으로 2㎝씩 두 번 접어 다리고 나머지 세 면을 1㎝씩 접어 다린다. 안감의 주머니 위치에 주머니를 달아준다. 주머니의 가운데를 한 번 더 박아 칸을 나눠준다.

3 절개한 겉감을 겉끼리 마주보게 연결한 후 시접을 위로 올리고 겉에서 5㎜ 간격으로 상침한다.

4 끈 두 장을 겉끼리 마주보게 하여 박음질한다.

5 뒤집어 다려주고 5㎜ 간격으로 두 줄 눌러 박아준다.
나머지 만드는 방법은 '너와 나의 숄더백(p94)'을 참고하여 만든다.

지퍼고리 끼우기

홈패션용 롤지퍼는 가방이나 파우치 등을 만들 때 사이즈가 딱맞는 지퍼를 찾지 못하는 경우 요긴하게 사용된다. 지퍼고리 끼우는 방법을 알아두면 보다 편리하게 사용할 수 있다.

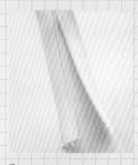

1 지퍼 끝을 벌린다.

2 지퍼 한쪽을 지퍼고리에 끼운다.

3 나머지 한쪽도 끼워준다.

4 지퍼고리 바로 위 지퍼부분이 움직이지 않도록 손으로 꼭 잡아준다.

5 지퍼고리의 뒷부분을 밀어준다.

6 지퍼고리가 지퍼로 밀려 들어가면 손잡이를 잡고 당겨준다.

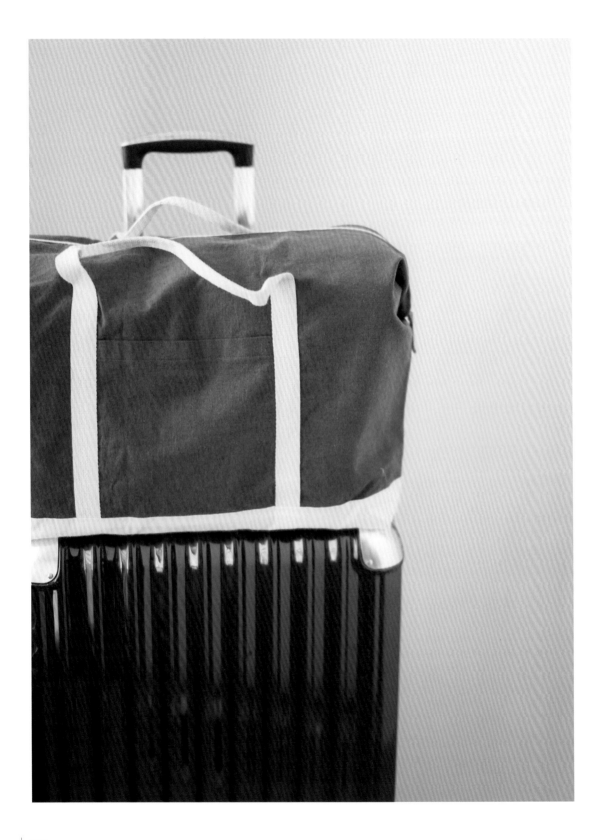

11

집으로 가방

코리아 토박이. 여행이라곤 국내만 돌아다니던 나. 언제부터인가 슬슬 해외에 다닐 일이 생기고 있다.
빈 가방으로 비행기에 오르지만 내릴 땐 어김없이 터져 나갈 듯한 가방.
착착 접어 트렁크에 넣었다가 불어난 짐 넣어 오기.
기막힌 아이디어라고 좋아라 하며 친구에게 자랑했는데 친구가 말했다. 그거 인터넷에 많이 팔아!

pattern no. ▶ B-9

11 집으로 가방

사용패턴
B-9
몸판(겉감 2장, 안감 2장)
주머니(겉감 2장)
옆고리(겉감 4장)

원단
겉감, 안감:면마15수~20수 1마

부재료
2.5cm 웨이빙끈 90cm 2개, 1.5cm 단추 2개,
홈패션용 롤지퍼 1마, 지퍼알 1개

● BEFORE START

모든 패턴에 1cm의 시접을 주고 재단한다. 주머니 패턴
에 '4'로 표시된 부분은 4cm의 시접을 준다. 몸판의 겉감
재단시 절개선을 절개하여 재단한다. 안감은 절개하지 않
고 재단한다.

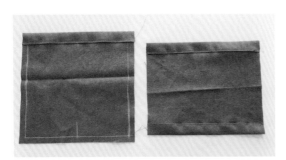

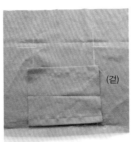

1 주머니 두 장 중 한 장은 입구를 안쪽으로 2cm씩 두 번 접어
박음질하고, 또 한 장은 위와 아래를 2cm씩 두 번 접어 박는다.

2 위와 아래를 접어 박은 주머
니감을 몸판 겉감의 끈위치 사
이에 올려준다.

3 아래에서 3cm 위에 위치시
킨다.

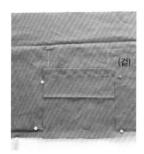  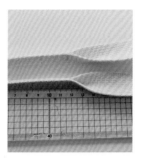 

4 입구만 접어 박은 주머니감을 다른 한 장의 몸판 겉감의 끈 위치 사이에 올려준다. 아래 사이는 띄우지 않는다.

5 끈을 반으로 접어 중심부터 12cm 떨어진 위치를 표시한다.

6 표시된 사이에 끈을 반으로 접어 박아준다.

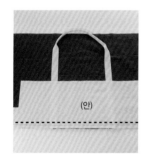   

7 몸판의 끈위치에 올려 주머니감과 함께 박음질한다.

8 옆고리 2장을 겉끼리 마주보게 해서 박음질한다.

9 시접을 짧게 잘라낸다.

10 뒤집어 다리고 단춧구멍을 낸다.

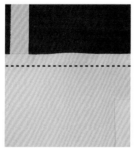 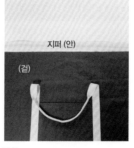 

11 절개하여 재단한 몸판의 겉감을 겉끼리 마주보게 해서 박음질한다. 시접은 아래로 내려 다린다.

12 겉에서 5mm 간격으로 상침한다.

13 몸판 겉감의 겉과 지퍼의 겉을 마주보게 올려놓는다.

14 그 위에 몸판의 안감을 겉감의 겉과 마주보게 올려 놓고 지퍼노루발을 이용해 박음질한다. 박음질 후 시접을 꺾어 다려준다.

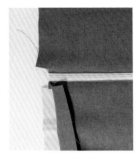

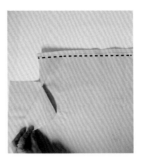

15 지퍼의 반대쪽도 같은 방법으로 바느질한다. 겉감 쪽에서 상침해준다.

16 지퍼알을 끼운다(지퍼고리 끼우기 (p101) 참고).

17 안감은 안감끼리 겉감은 겉감끼리 겉을 마주보게 하여 바닥과 옆선을 박음질한다.

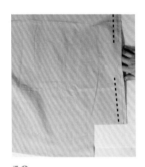

18 안감에는 창구멍을 남기고 옆선을 박음질한다.

19 바닥 다트를 박음질한다.

20 지퍼끝 트임을 바닥 다트를 박음질하듯 접는다. 겉감은 겉감끼리, 안감은 안감끼리 접히게 된다.

21 뒷쪽면에는 안감이 보이게 된다.

22 겉감과 지퍼 사이에 옆고리를 끼워 넣는다.

23 안감, 겉감, 옆고리를 한꺼번에 박음질한다.

24 창구멍을 통해 뒤집는다.

25 단추 위치에 단추를 달아준다. 창구멍을 공그르기로 막아준다.

파우치 만들기 ▸

패턴

28㎝ X 23㎝(시접 포함)
안감과 겉감 원단을 각각 2장씩
재단한다. 면끈 20㎝와 25㎝
지퍼 1개가 필요하다.

1 집으로 가방(p102)을 만들 때와 같은 방법으로 지퍼를 달아준다. 상침은 하지 않는다.

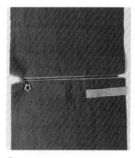  

2 겉감 한쪽에 면끈을 반으로 접어 끼워 넣는다.

3 겉감은 겉감끼리 안감은 안감끼리 서로 겉을 마주보게 하여 지퍼 시접을 안감 쪽으로 넘겨 옆선부터 밑선까지 한번에 둘러 박음질한다. 안감 옆선에 창구멍을 남겨준다.

4 창구멍으로 뒤집어 다려주고 공그르기로 창구멍을 막아 마무리한다.

12

수영 가방

한 해 두 해 지날수록 몸 여기저기가 쑤시고 아픈 곳이 늘어난다. 그럴만도 하지.
숨쉬기 외엔 어떤 운동도 싫어하니 말이다. 동네 언니의 꾐에 넘어가 아쿠아로빅을 등록했다.
세상에나! 이렇게 재밌고 즐거운 운동이 또 있으랴. 물을 무서워하는 내게 신세계를 보여줬다.
풍덩풍덩 물 튀기고 고래고래 소리지르며 기운찬 에너지 만들어서, 천년만년 즐겁게 바느질하리라!

pattern no. ▶ B-10

12 수영 가방

사용패턴
B-10
겉감 1장

원단
라이네이트

부재료
홈패션용 롤지퍼 35cm, 지퍼알 1개,
폭 2.3cm의 웨이빙끈(40cm길이 1개, 6cm길이 1개)

● **BEFORE START**

모두 1cm의 시접을 준다.

1 골선을 잘 보고 재단한다.

2 양쪽 끝 시접을 1cm안으로 접어 사이에 수성 양면테이프를 붙여 고정한다. 지퍼를 반으로 갈라준다.

3 지퍼 위에 고정한 원단을 올리고 박음질한다.

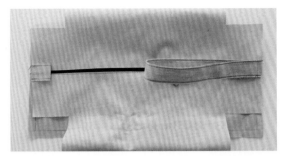

4 반대쪽도 같은 방법으로 박음질한다.

5 지퍼알을 꽂아준다. 지퍼알 꽂는 방법은 지퍼고리 끼우기 (P101) 참고.

6 웨이빙끈을 반으로 접어 지퍼가 닫혔을 때 지퍼알이 있는 곳엔 긴끈을, 반대쪽엔 짧은 끈을 올려 시침핀으로 고정해준다.

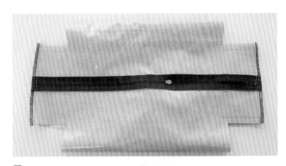

7 원단을 뒤집어 지퍼 끝부분을 박음질한다. 시접은 함께 모아 오버로크나 지그재그로 마무리한다(지퍼끝의 올이 풀리는 것을 방지하기 위함).

8 옆면이 될 다트를 박음질한다.

9 시접은 5mm만 남기고 잘라낸다. 올이 풀리지 않기 때문에 별도의 올풀림 방지작업은 하지 않는다.

13

삼각 가방

요래조래 생각하고 접고 꿰매서 만들기 쉽고 재밌는 모양의 가방을 완성했다.
실용성이 퍽 있어 보이진 않지만 간단한 소품을 넣어 가볍게 다니기엔 괜찮은 듯.
이름을 뭘로 지을까 고민하던 중 편의점 삼각김밥이 엇갈려 진열된 모양과 비슷해 보였다.
그래서 삼각 가방이 되었다는 전설······.

pattern no. ▶ B-11

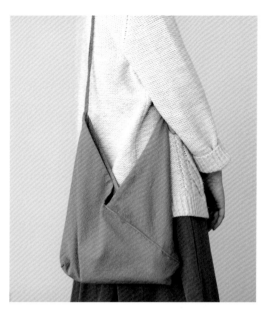

13 삼각 가방

사용패턴
B-11
겉감 1장, 안감 1장

원단
겉감:면이중지10수 1.5마
안감:면20~30수 1.5마

부재료
1cm폭의 가죽끈 90cm

● BEFORE START

모든 패턴에 1cm의 시접을 주고 재단한다.

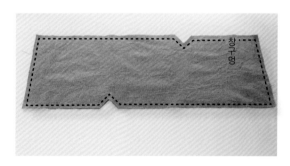

1 안감과 겉감을 겉끼리 마주보게 하여 창구멍을 남기고 둘레를 박음질한다.

2 다트엔 가위밥을 넣어준다.

3 창구멍으로 뒤집어 다려준다.

4 사진처럼 다트를 기준으로 접고 표시된 부분을 얇게 박음 질한다.

5 사선으로 접어 모서리를 젖혀 놓는다.

6 반대쪽도 다트를 기준으로 접고 얇게 박음질한다.

 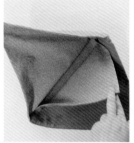

7 양쪽 모서리를 잡고 펼쳐준다.

8 모서리를 사선으로 접어주면 이런 모양이 된다.

9 다트를 얇게 눌러 박아준다.

10 모서리에 가죽끈을 달아준다.

C

변형하기 좋은 가방

pattern

01

너를 위한 선물백

몇 년을 연락 한 번 없다가도 문득 생각나 전화를 하면 어제 만난 것처럼 어색함 없이 나를 반겨주는 그녀.
신기하게도 그녀를 만나면 내 안에 숨겨온 비밀까지 탈탈 털어 고백하게 된다.
내 마음 아픈 곳까지 달래주는 그녀에게
고마운 마음 담아 봉투까지도 특별한 선물을 준비했다.

pattern no. ▶ C-1

01 너를 위한 선물백

사용패턴
C-1
몸판(겉감 2장, 안감 2장)

원단
겉감:광목15수 1/4마
안감:면15수 1/4마

부재료
스트링끈 1마, 아일렛 4쌍

● BEFORE START

모든 패턴에 1cm의 시접을 주고 재단한다.

★ 몸판 만들기 방법은 '오래오래 쇼핑백(p122)'과 동일하다.
1 겉감과 안감으로 각각 몸판을 완성한다.
2 안감의 옆선엔 10cm 정도의 창구멍을 남긴다.
3 겉감의 겉과 안감의 겉을 서로 마주보게 끼워 넣는다.
4 입구를 둘러 박음질하고 뒤집어 다려준다.
5 겉에서 입구를 얇게 상침한다.
6 옆선을 잘 정리하여 다려준다.
7 아일렛으로 구멍을 내고 끈을 끼운다.

8 바닥에 너무 힘이 없다면 두꺼운 종이에 원단을 씌워 깔아주어도 좋다.

아일렛
끼우기 ▸▸

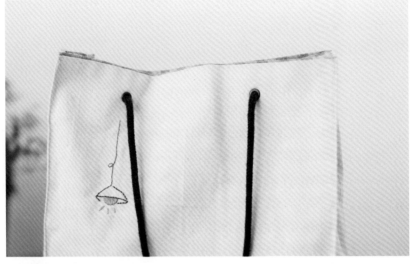

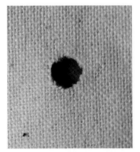

(겉)

(안)

1 펀치로 구멍을 낸다.

2 원단의 겉에 아일렛 수놈을
끼운다.

3 안쪽에 아일렛 암놈을 끼운다.

4 아일렛 기구를 이용해 눌러준다. 아일렛 몰드를 사용할 수도 있
다. 몰드 사용방법은 몰드 구입처의 상세설명서를 참고하면 좋다.

02

오래오래 쇼핑백

우리 중학교 땐 쇼핑백이 참 귀했다. 쇼핑백이 찢어져도 까만 비닐봉지는 절대 들고 다닐 수 없었지.
셀로판테이프로 붙이고 또 붙이고…… 빳빳한 쇼핑백을 득템하는 날은 기분 최고였다.
세상 참 좋아져서 널리고 널린 것이 쇼핑백, 버려지는 일이 문제인 세상!
이젠 찢어질까 걱정되어서가 아니라 환경을 생각해서 오래오래 쓰기 위한 쇼핑백을 만들게 되었다.

pattern no. ▶ C-1

02 오래오래 쇼핑백

사용패턴
C-1
몸판(겉감 2장)
안단(겉감 2장)
손잡이(1.5㎝ X 30㎝ 4장 재단)
※손잡이는 시접 포함

원단
종이원단 1/2마

부재료
리벳 4쌍

● **BEFORE START**

모든 패턴에 1㎝의 시접을 준다.

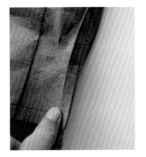

1 몸판 두 장을 겹쳐 옆선을 박음질한다.

2 옆 박음질선의 시접을 갈라 양옆으로 붙인다.

3 패턴에 표시된 접는 선을 접 어준다.

4 반대쪽도 같은 방법으로 접 고 바닥을 박음질한다.

5 뒤집어준다. 종이원단은 뻣뻣하여 잘 뒤집어지지 않으므로 잘 게 구겨 뒤집어준다.

6 바닥을 잘 정리한다.

7 안단 두 장을 겹쳐 양옆을 박 음질한다.

8 시접을 갈라 다리고 박음질 로 고정해 놓는다.

9 몸판의 겉에 안단의 겉을 마 주대고 둘러 박음질한다.

10 안단을 안쪽으로 넘겨준다.

11 손잡이 두 장을 겹쳐 양옆 을 2~3mm 간격으로 박아 고정 해준다. 몸손잡이 끝에서 1cm 위에 구멍을 내준다.

12 몸판의 손잡이 위치에도 구 멍을 내준다.

13 리벳을 이용해 손잡이를 달 아준다.

03

마트친구 에코백

설문조사해서 한 개, 개업한다고 한 개, 백화점에서 물건 샀다고 한 개,
이래저래 모아 놓은 장바구니가 잔뜩, 그 많은 것 중에 내 맘에 들어 예쁘게 들고 다닐 만한 것은
한 개도 없다. 필요하다는 이웃에게 모두 나누어주고 멋진 에코백을 뚝딱 만들어 가방에 넣어두었다.
역시 내 손은 황금손, 자랑스럽군!

pattern no. ▶ C-2

03 마트친구 에코백

사용패턴
C-2
몸판(겉감 2장, 안감 2장)
여밈고리(겉감 2장)

원단
겉감, 안감:면30수 1마

주재료
T단추 또는 가시단추 2쌍

● BEFORE START

모든 패턴에 1㎝의 시접을 주고 재단한다.

1 여밈고리 2장을 서로 겉끼리 마주보게 하여 ㄷ자 모양으로 박음질한 뒤 시접을 짧게 잘라내고 뒤집어 다린다.

2 겉감을 겉끼리 마주보게 하여 옆선을 박음질한다. 시접은 가름솔한다.

3 바닥 접는 선을 접고 바닥을 박음질한다(바닥 접는 방법은 오래오래 쇼핑백(p122) 참고).

4 안감도 같은 방법으로 만들고 뒤집어준다. 단, 옆선에 창구멍을 내준다.

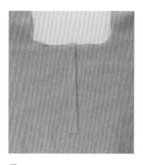

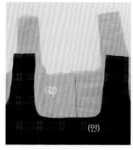

5 겉감의 겉 입구에 여밈고리를 고정한다.

6 겉감을 뒤집지 않은 안감 안으로 겉이 마주보이게 집어넣는다.

7 손잡이부터 입구까지 박음질한다.

8 곡선에 가위밥을 촘촘히 넣어준다.

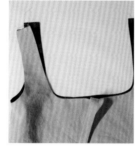

9 손잡이부터 옆선까지 박음질한다. 이때 손잡이 끝에서 5cm까지는 박음질하지 않는다. 곡선엔 가위밥을 촘촘하게 넣어준다.

10 창구멍으로 뒤집어 다려준다.

11 트여 있는 손잡이 끝을 펼쳐 시접을 가름솔하고 반대쪽 손잡이와 겉을 마주대고 박음질한다.

12 박음질한 시접을 갈라 다리고 트여 있는 손잡이 끝의 시접을 안쪽으로 넣어 정리한 후 공그르기로 마무리한다.

13 겉감 단추 위치에 암가시도트를 달아주고 반대쪽에도 암가시도트를 달아준다.

14 여밈 끝에는 수가시도트를 달아준다.

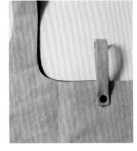

15 물건을 담을 때에는 가방이
벌어지지 않는 용도로 여밈 고
리를 이용한다.

16 사용하지 않을 때에는 다음 순서로 접는다.

17 입구와 여밈 고리에 장식
스티치를 넣어주어도 예쁘다.

지퍼 쉽게 달기

가방 만들기에 있어 지퍼는 매우 유용한 부자재임에 틀림없다.
하지만 원단과 함께 봉재할 때 밀림현상 때문에 초보들은 난감한 상황에 부딪히게 된다.
이럴 때 일상에서 사용하는 양면테이프와 동일하게 생긴 원단용 워셔블 매직테이프를
이용하면 보다 손쉬운 지퍼달기를 할 수 있다.
워셔블 매직테이프는 임시 고정용으로 세탁시에는 접착성이 없어진다.

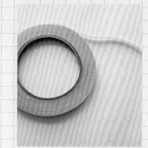

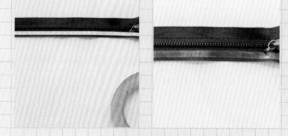

1 지퍼의 겉쪽에 워셔블 매직테이프를 붙이고 종이를 떼어낸다.

2 원단의 시접을 안쪽으로 접어 넣어 다리고 지퍼의 겉쪽(테이프를 붙인 곳)에 올려 눌러 붙여준다. 외노루발을 이용해 원단을 눌러 박아준다.

04

말괄량이 크로스백

나는 내 딸이 사내아이같이 개구지고 활발한 아이로 자라길 바랐다. 가방 때문에 손이 자유롭지 못해
자전거 타고 뜀박질하기 힘들까 봐 크로스로 간단하게 멜 수 있는 디자인의 가방을 여러 개 만들었지만
아이는 지극히 여성적이고 내성적인 성격을 가지고 있었다. 내 맘대로 키워지는 것이 아니었나 보다.
대신 지나치게 개구지고 활달하며 외향적인 아들이 말괄량이 가방을 엄청 좋아라 하면서 사용하고 있다.

pattern no. ▶ C-3

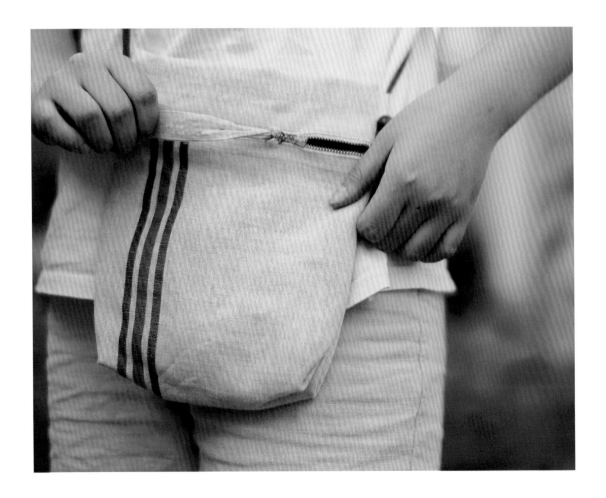

04 말괄량이 크로스백

사용패턴
C-3
몸판(겉감 1장, 안감 1장)
뚜껑(겉감 1장, 안감 1장)
고리:4cm X 4cm (겉감 2장) 고리는 시접 포함된 사이즈

원단
겉감:햄프린넨 1/4마
안감:면마15수 1/4마

부재료
20cm 지퍼, 5mm 가죽끈 120cm, 나무구슬 2개

● **BEFORE START**

모든 패턴에 1cm의 시접을 주고 재단한다.

1 고리 가운데를 중심으로 양 옆을 접어 다리고 박음질로 고정한다.

2 반을 접어 고정해 놓는다.

3 몸판과 뚜껑 겉감의 한쪽 끝 안쪽에 수용성 양면테이프를 붙여준다.

4 시접 1cm를 안으로 접어 넣는다.

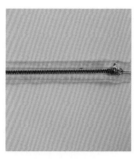

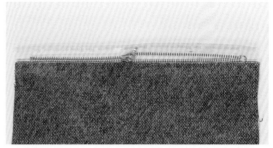

5 지퍼끝을 벌어지지 않도록 실로 살짝 고정해준다.

6 지퍼의 겉면 양쪽 원단 부분에 수용성 양면테이프를 붙인다.

7 테이프를 붙인 지퍼 위에 접어 놓은 몸판의 겉감을 올려 붙이고 지퍼 노루발을 이용해 몸판 겉감 위를 2㎜ 간격으로 눌러 박아 고정해준다.

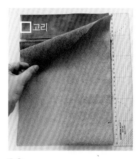

8 반대편 지퍼에는 뚜껑을 올려 눌러 박는다.

9 지퍼알 때문에 박음질이 어려울 경우에는 바늘을 꽂아 놓고 노루발을 들어올려 지퍼알을 재봉틀 진행 반대방향으로 옮겨서 작업한다.

10 겉감을 겉끼리 마주보게 반으로 접어준다. 이때 겉감 사이에 고리를 끼워준다.

11 바닥에서 5㎝ 되는 지점을 표시한다.

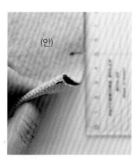

12 접어진 바닥에 표시를 한다.

13 5㎝ 지점에 시침핀을 꽂는다.

14 접어진 바닥을 펼쳐 시침핀을 꽂은 위치에 바닥표시를 위치시킨다.

15 양옆을 내려준다.

16 윗부분과 옆선을 둘러 박음질한다.

지퍼
들어갈
자리

17 안감도 같은 방법으로 만들어준다. 안감엔 지퍼를 달지 않기 때문에 지퍼가 들어가는 자리는 빼놓고 작업한다.

18 겉감의 안쪽에 안감의 겉이 보이도록 끼워 지퍼 입구를 공그르기로 연결한다.

19 고리에 가죽끈을 끼우고 나무구슬을 꽂아 묶어준다.

태슬로 멋부리기

내추럴하고 심플한 가방도 충분히 멋스럽지만
때론 작은 소품이 가방을 빛나게 하기도 한다.
무지의 가방에 화려한 스카프를 가볍게 묶어주거나
열쇠고리 또는 브로치로 장식해도 멋스러운 느낌을
줄 수 있다.
간단하게 만들 수 있지만 가방의 표정을 살려주는
태슬장식 만드는 방법을 소개한다.

1 적당한 통에 실을 감아준다.
많이 감을수록 풍성한 태슬이
된다.

2 통에서 살살 빼낸다.

3 한쪽 끝을 잘라준다.

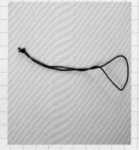

4 고리로 사용할 줄을 원하는
길이만큼 잘라준다.

5 고리의 묶은 끝을 실의 중심
에 둔다.

6 고리가 보이지 않도록 실로 덮
어 가운데를 묶어준다. 이렇게
하면 고리도 함께 묶이게 된다.

7 고리를 들고 실을 아래로 털
어준다. 실을 아래로 잘 쓸어 단
단하게 묶어주고 길이를 맞춰 잘
라준다.

8 나무구슬을 끼워준다.

05

묶어줘 리본백

가방끈 길이 조절고리가 없어 탄생한 백. 원하는 부재료가 있었다면 만날 수 없었을 리본.
밋밋한 가방에 포인트가 되어 재밌는 표정을 만들었다.
때로는 부족함이 생각하지 못했던 좋은 결과물을 만들어내곤 한다.

pattern no. ► C-4

05 묶어줘 리본백

사용패턴

C-4
몸판(겉감 1장, 안감 1장)
주머니(겉감 1장)
어깨끈 : 긴끈 100㎝ X 5㎝(겉감 2장)
※ 식서 방향으로 재단하되 연결하여 재단해도 됨.
짧은끈 40㎝ X 5㎝(겉감 2장)
※ 끈은 시접이 포함된 사이즈입니다.

원단
겉감 : 면마15수 1/2마
안감 : 면마15수1/2마

● BEFORE START

모든 패턴에 1㎝의 시접을 주고 재단한다. 주머니 입구에 '4'라고 표시된 부분은 4㎝, 겉감의 몸판 입구는 3㎝의 시접을 준다.

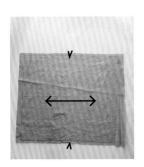

1 패턴에 표시된 대로 재단한다. 몸판을 식서 방향으로 접어 반지점에 너치 표시를 한다.

2 끈 만들기 1번 방법(p16)으로 끈을 만든다(긴 끈과 짧은 끈을 동일하게).

3 주머니 입구를 안쪽으로 2㎝씩 두 번 접어 다리고 박음질한다. 입구를 제외한 부분은 1㎝ 안쪽으로 접어 넣어 다려준다.

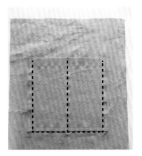

4 몸판(겉)의 주머니 위치에 주머니를 달아준다. 중심을 다시 한 번 박아준다.

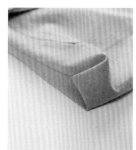

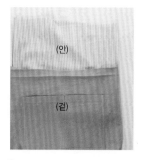

5 몸판의 겉을 마주보게 하여 반으로 접어주고 패턴에 표시된 지점에 시침핀을 꽂아준다.

6 너치를 넣은 반지점을 펼쳐 시침핀 꽂은 지점까지 올려준다.

7 옆선을 박음질한다. 뒤집으면 사진처럼 바닥이 만들어진다. 안감도 동일하게 만든다.

8 겉감의 입구를 안쪽으로 1㎝ 한 번, 2㎝ 한 번을 접어 다린다. 겉감의 안쪽에 안감의 안쪽이 마주보게 끼워 넣는다.

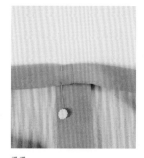

9 안감을 끝까지 밀어 넣어 겉감 입구의 두 번째 다림질선에 맞춘다.

10 다림질한 선대로 접는다.

11 가방의 양쪽 옆선에 끈을 끼워 넣는다.
오른쪽에 멜 때는 앞에서 볼 때 오른쪽에 짧은 끈을, 왼쪽에 멜 때는 왼쪽에 짧은 끈을 끼운다.

12 입구를 둘러 박음질한다. 끈을 위쪽으로 들어올려 다시 한 번 고정한다.

13 예쁘게 묶어주면 완성.

06

실용적인 당신의 손가방

내 가방 안은 쓰레기통. 각종 소지품부터 영수증과 동전까지 한데 엉켜 뒤죽박죽이다.
다들 그렇지 않나요? 가방 안은 원래 그런 거 아니에요? 파우치를 만들어 종류별로 넣어보기도 하고
차곡차곡 쌓아보기도 했지만 손을 넣어 휘휘 저어 물건을 찾다보면 도로아미타불.
가방에 안주머니를 여러 개 달아 종류별로 담아 놓는 게 최고더라.

pattern no. ▶ C-5

06 실용적인 당신의 손가방

사용패턴
C-5
몸판(겉감 2장, 안감 2장)
주머니 (겉감 2장)
손잡이 (겉감 2장, 안감 2장)

원단
겉감:면마15수 1/2마, 배색원단 약간
안감:2온스 본딩원단 1/2마

● BEFORE START

모든 패턴에 1㎝의 시접을 주고 재단한다.
주머니 패턴에 '4'로 표시된 부분은 4㎝의 시접을 준다.
겉감은 절개선을 절개하여 재단한다.

1 겉감은 패턴을 절개하여 시접을 모두 1㎝씩 주고 재단한다.

2 안감은 패턴을 절개하지 않고 한번에 재단한다.

(안)

3 주머니 입구를 안쪽으로 2㎝씩 두 번 접어 박음질한다.

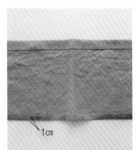

1cm

4 주머니 입구 반대쪽을 안쪽으로 1㎝ 접어 다리고 반을 접어 다려준다.

5 안감의 주머니 끝선과 맞추어 다림질한 선과 밑선을 박음질한다(안감 두 장 모두).

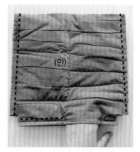

6 안감 두 장을 겉이 마주보게 포개어 옆선과 밑단을 박음질한다. 이때 밑단엔 창구멍을 남긴다.

7 밑바닥 다트를 사진처럼 접어 박음질한다.

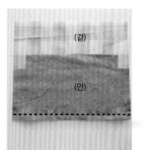

8 절개한 겉감을 겉이 마주보게 연결한다.

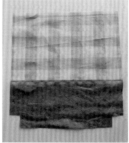

9 시접을 아래쪽으로 접어 다려 얇게 상침한다. 겉감도 안감과 같은 방법으로 옆선, 밑단, 다트를 박음질한다. 창구멍은 내지 않는다.

10 손잡이 겉감과 안감을 겉끼리 마주보게 하여 박음질한다.

11 시접을 5mm만 남기고 잘라내고 뒤집어 다린다.

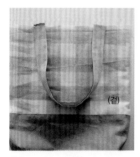

12 겉감의 겉에 손잡이를 고정해준다.

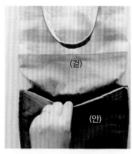

13 안감 겉에 겉감의 겉을 마주보게 하여 끼워 넣는다.

14 입구를 둘러 박음질한다.
창구멍을 통해 뒤집는다. 입구를 7mm~1cm 간격으로 둘러 박음질하면 더 튼튼하다. 창구멍을 공그르기로 막아준다.

07

—

복슬이 백

생긴 거 답지 않게 귀여운 거 좋아하는 나. 나를 닮은 아들.
보들보들한 것만 보면 입가에 대고 부비부비, 손으로 쓰담쓰담 난리난리.
좋은 퍼 원단을 구해 나는 귀여운 크로스백으로 아들은 따뜻한 목도리로……
나이에 맞지 않는다는 동생의 핀잔을 들으면서도, 꿋꿋하게 메고 두르고 다니는 엄마와 아들.

pattern no. ▶ C-6

07 복슬이 백

사용패턴

C-6
몸판(겉감 1장, 안감 1장)
바닥(겉감 1장, 안감 1장)
끈:150㎝ X 5㎝(안감 1장) 시접 포함
고리:4㎝ X 3.2㎝(안감 4장) 시접 포함

원단

털원단 1/4마
면마10수 2마 (원단 소요량은 끈을 길게 재단해야 하기 때문에 2마 필요)

부재료

가시도트 2쌍, 내경12㎜폭 D링 2개, 자석단추

● **BEFORE START**

모든 패턴에 1㎝의 시접을 주고 재단한다.
끈은 식서 방향으로 길게 재단한다.

1 털원단을 재단할 때에는 원단의 털이 잘리지 않도록 가위끝을 이용해 털의 뿌리부분 원단만 잘라낸다.

2 원단에 붙어 있는 털은 테이프를 이용해 떼어내면 작업도 중 발생하는 털날림을 최소화할 수 있다.

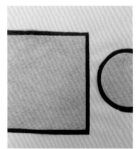

3 안감의 안쪽에 접착솜을 붙여준다(몸판과 바닥).

창구멍

4 몸판을 겉끼리 마주보게 반 을 접어 옆선을 박음질한다. 10cm 정도의 창구멍을 남겨준다.

5 몸판의 아랫부분을 4등분하 여 표시해둔다.

6 몸판의 아랫부분을 촘촘하게 홈질한다. 실은 매듭을 짓지 않 고 그냥 둔다.

7 바닥의 너치와 몸판의 4등분 너치를 잘 맞추어 겉끼리 마주보 게 시침핀으로 꽂아준다. 몸판에 홈질한 실을 살살 당겨 몸판의 넓이와 바닥의 넓이를 맞춘다.

8 바닥을 둘러 박음질한다. 홈 질한 실을 빼낸다. 안감의 표시 된 위치에 자석단추를 단다.

9 겉감도 안감과 동일한 방법 으로 만들되 접착솜은 붙이지 않고, 바늘땀을 조금 크게 하여 송곳으로 털을 밀어넣으며 박음 질한다.

10 박음질로 인해 밀려 들어간 털은 송곳을 이용해 빼준다.

11 고리 두 장을 겉끼리 마주 보게 하고 박음질한다. 시접을 짧게 자르고 뒤집어 다린다.

12 D고리를 끼워 고리를 반으 로 접어 고정한다.

13 안감의 고리 위치에 고리를 고정하고 겉감의 겉과 안감의 겉을 마주보게 끼워 입구를 둘러 박음질한다.

14 끈 끝접는 방법(p17)을 이용해 끈을 만든다.

15 끈의 끝을 한쪽 D고리에 걸어 2cm 정도 접은 후 고정한다.

16 반대쪽 끈을 D고리에 걸어준다.

17 원하는 길이만큼 조절하여 끈의 끝지점부터 2cm 정도 위쪽에 송곳으로 구멍을 내어 표시해준다.

18 구멍에 맞추어 끈의 끝엔 암가시도트를, 나머지 한쪽엔 수가시도트를 달아준다.

19 길이 조절이 필요할 경우 수가시도트를 한 개 더 달아준다.

GomE's Easy-Sewing

바느질의 여왕 세 번째 이야기

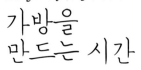

[소소한 행복을 담은 가방 만들기]

초판 1쇄 발행 | 2019년 4월 10일
초판 2쇄 발행 | 2019년 11월 20일

지은이 | 이인숙
펴낸이 | 임정은
디자인 | 디자인모노피㈜

펴낸곳 | ㈜SJ소울
등 록 | 2008년 10월 29일 제2016-000071호
주 소 | 서울시 송파구 충민로 66 가든파이브라이프 테크노관 T-9031
전 화 | 0505)489-3167 / 02)6287-0473
팩 스 | 0505)489-3168
이메일 | starina75@naver.com

ISBN 978-89-94199-60-3 13590
값 18,000원

가방을
만드는 시간

[소소한 행복을 담은 가방 만들기]

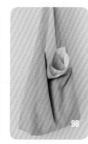

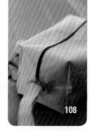

chungage

나를위한 힐링타임

키트사러가기

모든재료가 들어있어요!　기초영상+만들기영상 제공!　원단에 도안이 그려져있어요!

천가게 DIY 자수&퀼트패키지

• 천가게 어플 다운받고 특별혜택 받기 •

1 모바일 앱으로 주문시 500원 즉시 추가할인

2 푸시 알림만 확인해도 적립금이!

3 쿠폰/깜짝세일특가상품 푸시만의 혜택이 팡팡

WEBSITE

YOUTUBE

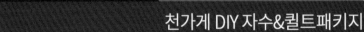

www.1000gage.co.kr